JN006899

子どものスマホで
「困った！」を防ぐ

スマホの与え方・使い方の教科書

子育て共育アドバイザー・学習塾塾長
野本一真

産業能率大学出版部

はじめに

子育ての仕方は誰も教えてくれない

子どもを授かれば、誰でも行うようになるのが子育て。でも、いつの時代にも、子育てに悩むお母さん・お父さんはたくさんいます。

子育ての悩みは多岐にわたります。また、時代の変化とともに、悩みは複雑化していきます。

親は、子育ての仕方を学んだり、習ったりすることなく、親になります。だから、子育ては試行錯誤の連続。世のお母さん・お父さんは、日々、喜び・悲しみ・虚しさ・後悔の連続で過ごされているかと思います。

また、昔に比べると、ご近所づきあいも希薄になり、相談できる人もあまり見つけられません。「この悩みを誰かに聞いてほしい」と思うお母さん・お父さんにとって、それは本当につらいことですよね。

加えて、ここ数年の技術革新は目まぐるしく、今やロボット・ＡＩ時代と呼ばれるようになりました。そうした急速な時代の変化に伴い、子育てにおいても新たな悩みが生まれました。

それが「スマートフォン（以下、スマホ）の与え方・使い方」です。

高校生のスマホ保有率は、ほぼ１００％

スマホが安価・高性能化して普及したことで、子どもにスマホを持たせる家庭が増えました。高校生のスマホ保有率はほぼ１００％に近く、中学生であっても80％超え。小学生でさえも、高学年になると60％を超えており、今やスマホは、大人にも子どもにも、なくてはならない道具となりました。

しかし、子どものスマホの利用は、親にとっては悩みの種。本書を手に取っていただいたあなたも、スマホの与え方に悩んでいるかもしれません。または、すでに子どもにスマホを与えて、その使い方に困惑しているかもしれませんね。

私は学習塾運営とともに、「子育て共育アドバイザー」として子育て相談を受けています。反抗期の相談とともに、本当に多くのご家庭から子どものスマホ利用に関する相談を持ちかけられます。

「1日中スマホを離さず困っている」、「SNSが原因で交友関係のトラブルが起きている」といったものもあれば、中には、親に秘密で、巧妙に、とんでもない使い方をしているケースもあります。

子どもへのスマホの与え方は、子育ての仕方と同様、学ぶ機会がありません。学校の保護者会などで「スマホの使い方に気をつけましょう」とか、「時間を決めましょう」などと言われることはあっても、具体的にどのようにすればよいのかわからないというのが現状ではないでしょうか。

体系立てて考えよう

子どものスマホ利用についてネットで検索すると、いろいろなアドバイスを見つけることができるでしょう。本書でこれから紹介する内容も、すでにどこかで読んだことがあるかもしれません。

しかし、なんとなく知っていることを言語化し、体系化して、捉え直すことは、とても大切です。スマホの害、スマホの与え方、スマホの活用の仕方を体系立てて理解し、改めて、あなたのご家庭ではどうするのかを考える機会を持ちましょう。そのきっかけとして、知識を得るために本書を活用してください。

スマホの与え方を知るということは、現代の子育ての悩みを解決する1つの手段でもあります。スマホの持つ怖さも理解したうえで上手にスマホを与え、活用することができれば、円満な親子関係を築くこともできるでしょう。

なお、親子関係が破綻していると、テクニックとしてスマホの与え方・使い方を知り、考え、実行しようとしてもうまくいきません。そのため、インターネットの世界、子どものスマホ使用・与え方とともに、子育て共育アドバイザーとして親子関係構築についても触れています。

本書があなたの悩み解決の糸口となり、助けとなれることを願っております。あなたの子育ての一助となればこの上ない喜びです。

ARK SEEDS Inc.　代表取締役・子育て共育アドバイザー・学習塾塾長

野本一真

目次

第2章 子どもを取り巻くスマホの現状 65

第3章　ルールづくりの本質――親子関係のつくり方　109

第4章　スマホルールのつくり方・守り方　143

プロローグ

これからの時代「スマホを持たない」選択肢はない

内閣府「消費動向調査」によると、2014年の2人以上世帯あたりのスマホ普及率は54・7％、保有台数は1・02台でした。これが意味するのは、スマホを所有する世帯は半数強、さらに、1家に1台だけ、ということです。

たった10年前の調査結果ですが、スマホは1人1台が当たり前となった現在から考えると、ずいぶん大昔の話のように感じますね。

また、当時はスマホ本体もアプリも、今とは比べものにならないくらい性能が低く、できることも限られていました。そのため、子どものスマホ利用で悩むご家庭はないに等しいほどでした。

その後、「高校進学のご褒美がスマホ」といった時期を経て、2024年現在、大人にも子どもにもなくてはならない道具になりました。

今や、「子どもにスマホを与えない」という選択肢はなくなり、むしろ「いつ与えるか？」、「どのように与えるか？」が問題視されるようになりました。

安易な与え方がトラブルを招く

スマホは便利な反面、トラブルの種にもなりやすいもの。スマホを手にする子どもの低年齢化と比例するように、さまざまな問題も急増しています。

スマホでできることは多岐にわたり、メリットもデメリットもあります。しかし、そうしたメリット・デメリットを深く考慮することなく、次のような理由で安易に与えてしまっていませんか？

「機種変したから、お古を子どもに譲ろうかな」
「家族割にすると安いし」
「一緒に買うと、端末代金がこんなに割引される！　それなら一緒に買っちゃおうか」

子育て同様、「子どものスマホの与え方」を習う機会はありません。同時に、親であるあなたも、スマホのメリット・デメリット、子どもがスマホでやっていることを理解していますか？

「友達も持っているから」、「友達との連絡手段で必要だから」と、子どもから懇願され、「ほかの家庭でもそうしているなら……」と、与えていませんか？

このように安易に与えてしまうと、後に子どものスマホ利用で悩みを抱えることになりかねません。

- 長時間利用による睡眠不足・生活習慣の乱れ
- 視力減退
- 運動不足
- 自律神経の不調などの体調不良
- 通知機能などによる集中力の欠如
- 学習時間減少による成績低下
- スマホ依存による不登校
- ゲーム・YouTube・SNS依存
- ゲームなどへの高額課金
- SNS・無料通話アプリなどによる悪口・仲間外れ（ネットいじめ）

- 出会い系サイトなどをきっかけとした性犯罪被害
- 個人情報の漏洩（ろうえい）

こうしたトラブルや悩みは、特別な話ではありません。でも、これは決して親であるあなただけの問題ではなく、「誰も教えてくれない」という現状が問題なのです。

子どものスマホ利用を相談できる相手がいない

子どもにスマホを与えようとするとき、誰に相談しますか？　もしくは、実際に誰かに相談してみたら何と言われましたか？

多くの場合、相談窓口として頼りにするのは学校です。でも、学校に相談しても、こういった答えが返ってくることはありませんか。

「ご家庭で判断してください」
「ご家庭でルールを決めてください」

「ご家庭でよく話し合ってください」

判断の仕方がわからないのに、ルールの決め方がわからないのに、いったい何を話し合えばよいのだろう……と頭を抱えてしまいそうですよね。

スマホやゲームは学校が提供しているリービスではありません。各家庭での考え方も違うので、学校や先生が「こうしてください」と一律に決めるのは、なかなか難しいものです。当の先生も「どう対応すればよいものか……」、「こっちが聞きたいよ」というのが本音でしょう。

それもそのはず。先生方が子どもだった頃はスマホはなく、教員免許を取得した際も、スマホの取り扱いについて問われることはなかったはずだからです。

それに、デジタルネイティブである子どもたちは飲み込みが早く、大人以上にスマホを使いこなします。そうなると、子どもの方がスマホの扱いに長けている以上、「ルールづくり」も、子ども主導で、子どもの言いなりに進んでしまう可能性もあります。だからこそ、親が「知る」必要があるのです。

スマホは本来、包丁と同様の扱いが必要

ここであなたに、1つお尋ねします。

「包丁」という言葉から、何を連想しますか？

多くの方は、料理に欠かせない調理用具を思い浮かべたことでしょう。そう、包丁がなければ、魚も肉も野菜も切れませんからね。

逆に包丁があれば、食材をそのままの形で調理するのではなく、火が通りやすいように小さく刻んだり、食べやすいように皮をむいたり、味が染みやすいように切り込みを入れたり、華やかな飾りを工夫したりすることもできます。

要するに、包丁は生活を豊かにするための必需品。正しい使い方をすれば、とても便利な道具――それが包丁です。

一方で、「〇〇容疑者が包丁で刺殺」といったニュースを耳にすることもあります。便利な道具も、使い方を間違えれば人を殺(あや)める凶器となるのです。

スマホも同じです。スマホは生活を豊かにする便利な道具であり、現代の生活と切っても切れない必需品となりました。しかし、使い方次第では、自分に害を与えた

り、他人を傷つけたりする凶器となり得ます。

つまり、与え方次第で、スマホは子どもを伸ばすこともあれば、ダメにすることもあるのです。

あなたは、初めて包丁を手にする子どもに、何と言って渡しますか。

「包丁は便利な道具だから使ってみてね」と言って与えますか？

おそらく、そんな安易な言い方をして渡す親はいませんよね。

なぜでしょう？ それは、親が、包丁は使い方によっては凶器になると「知っている」からです。

危ないからこそ、まずは持ち方の練習から始め、今度は親が手を添えながら切る練習をする。「左手は猫の手にするのよ」などとアドバイスを与えつつ、親であるあなたは、包丁を握る子どもから片時も目を離さないはずです。

スマホも包丁と同じで、便利な道具であるとともに、使い方を間違えば命の危険すら脅かす道具になります。ですが、包丁のように慎重に扱われることはありません。

なぜなら、親自身がスマホのことをよく「知らない」からです。スマホはシンプルな包丁と違って構造も使い道も多岐にわたり、自分の知識を飛び越えた使い方をされることがあるとは想像しにくいものです。

本書では、スマホのメリット・デメリット、誰も教えてくれなかった「子どもへのスマホの与え方・使い方」、そして、スマホの与え方のルールを決めて維持するために何よりも必要な「親子関係構築・親子のコミュニケーション」についても、各所でお伝えしていきます。あなたの子どもに合った与え方・使い方を一緒に探っていきましょう。

第1章

スマホがもたらす新たな利点と問題点

「持ってて当たり前」になった スマホ

日本のスマホ保有率

スマホの保有率をご存じですか？ 総務省が発表した「令和４年通信利用動向調査」によると、13歳から59歳のスマホ保有率は90％以上。働き盛り世代である20歳から49歳では100％以上、つまり１人１台以上を保有していることになります。

子どものスマホ保有率を、少し細かく見てみましょう。13歳から19歳では93・1％で、中学生以上になるとほぼ全員が持っているといえるでしょう。小学生である６歳から12歳でも45・3％と、半数近くがスマホを持っていることになります。

スマホは機能が多いため、活用の仕方は人それぞれです。メール、カメラ、インターネット程度しか使わない方もいれば、ゲーム、YouTubeなどの動画、ＳＮＳ、電子決済・電子キーで使っている方もいます。まさに生活におけるさまざまなことを手元で行えるマルチデバイスといえるでしょう。

保有率も高く、また、スマホ利用が前提となるサービスも多い現代。これだけ生活に浸透していると、これからの時代を生きる子どもに「スマホを与えない」という選択肢はありません。

ＧＩＧＡスクール構想

「ＧＩＧＡスクール構想」をご存じですか？　これは、２０１９年に開始された、義務教育を受ける全国の児童・生徒のために、１人１台のＰＣと高速ネットワーク環境を整備する文部科学省の取り組みです。ＧＩＧＡとはGlobal and Innovation Gateway for All（すべての児童・生徒のための世界につながる革新的な扉）を意味します。

もともとは5カ年の計画でしたが、２０２０年に新型コロナウイルス感染症（以下、コロナ）の拡大によって、諸外国に比べて日本の教育分野におけるデジタル化の遅れが顕在化しました。そこでＧＩＧＡスクール構想の実施が前倒しされた結果、２０２３年現在、全自治体などで整備済みとなり、小・中学生１人１台教育用端末の整備は、ほぼ完了しました。

文部科学省は、多様な子どもたちを誰一人取り残すことなく、公正に個別最適化され、資質・能力がいっそう確実に育成できる教育環境を実現するとうたいます。

例えば、画像や動画を活用した授業。教師が生徒１人ひとりの反応を把握し、その反応を踏まえて双方向一斉授業を実施。１人ひとりの習熟に応じた個別最適化。ネットを活用した情報収集。家庭学習での活用。ＩＣＴ教材を使ってグループで分担・協働し、資料や作品を制作。そして、作成した資料を使った発表。遠隔地や海外などとつなぎ、学校の壁を越えた学習も可能になります。

一方で、課題が多いのも現状です。教師のＩＴスキルによる指導力の差。学校外運用では、情報端末のセキュリティの穴を抜け、好き放題に使う生徒もいます。

しかし、課題は多いものの、配備が難しいといっていた頃とは大違いです。今後は、導入メリットを感じることが増えてくることでしょう。

あなたの知らない「インターネット」のしくみを知る

大人も子どもも、スマホを手にすることで、インターネット上にある情報に簡単にアクセスできるようになりました。「詳しく知りたい」と思えば、その場でスマホを操作するだけで、すぐに情報を得ることができます。よい時代、便利な時代になりました。

しかし、その一方で問題も広がっています。ここではネット広告を含めたインターネットのしくみや特徴について、簡単に解説していきましょう。

8割はウソといわれるネット情報

見出しに「8割はウソ」と書きましたが、これは少し大げさかもしれません。でも、あなたはこのタイトルを見て、興味を引かれませんでしたか？

ネット上には大げさな情報、信ぴょう性の低い情報が数多く存在します。そして、センセーショナルな内容の方が人々の興味を引くため、誤った情報やウソの情報が拡散されやすいという特徴もあります。

そうした誤った情報やウソの情報は消えることなく、ずっとネット上に残ります。また、古くなってしまった情報も、上書きされることなくネット上に放置され続けます。

つまり、ウソ情報や古い情報が永久に解けない雪のように積み重なっていった結果、「ネットの80%がウソ」となるのです。

もちろん、正確で信頼できる記事を提供するサイトも沢山あります。情報を受け取る側は、手にした情報を安易に飲み込むのではなく、情報の信頼性を疑うクセをつけなければなりません。

では、信頼できる情報を得るにはどうすればよいのでしょうか。手にした情報が正確で信頼できるかどうかを判断するには、次の４点がポイントになります。

①情報源はどこか

情報源とは、「情報の出どころはどこか」、「ソースは何か」ということです。公的機関や大学、研究機関などが提供する情報は、「一般的に」信頼性が高いと考えられます。ただし、有象無象のサイトよりは信頼性が高いのは確かですが、「絶対」はありません。

②いつ書かれた記事なのか

情報は絶えず更新されるもの。古い記事は、その当時は正しい情報だったとしても、今は状況が変わって誤った情報になっている可能性もあります。サイト内の日付表示を確認し、いつ頃書かれた記事なのかをチェックしましょう。

③複数の記事を比較する

１つの記事だけではなく、いくつかの記事を確認して、内容の整合性を確認することが大切です。ある記事では「良い」とされていたことが、別の記事では「悪い」とされていることもあります。どちらの情報が正しいのか、もしくは両方誤りなのか、複数の記事を読んで比較することで、より情報の正確さが上がっていきます。

④検索結果の表示順が正しい情報とは限らない

Googleなどの検索結果で上位に表示されたからといって、それが正しい情報だとは限りません。というのも、後述しますがインターネットでは閲覧情報をもとに、ユーザーの好みに合わせた情報が表示されやすくなっています。そのため、あなたが見ている画面は、自分の好みが反映された結果、つまり情報が絞り込まれた状態であることを理解しておいてください。

また、リスティング広告の存在も外せません。「スポンサー」、「広告」などの表示がついているサイトは、その運営元が広告費を払って、上位表示させているものです。

このように、信頼性の高い情報を選ぶには、自分で情報を検証することが大切です。とはいえ、そもそもよく知らないことに関する情報を集めようとしているとき、集めた情報が正しいかどうかを判断するのは難しいものです。

そこで、まずは自分がよく知っている情報をネット検索してみてください。自分で正誤の判断ができるくらいに詳しい情報でネット検索してみると、いかに誤った情報やウソ情報が多いかに気づくでしょう。

例えば私の場合、「高校入試」に関する情報についてネット検索をしてみたところ、よくもまあ、こんなにデマ情報が飛び交っているものだなと、感心してしまうほどでした。

ユーザーを引っかける「釣りタイトル」

ネット記事は、特にタイトルに力を入れています。なぜなら、読み手にクリックしてもらうためには、まずはタイトルで興味を引かなければならないからです。

そのため、人の心理を上手に突いた、読者を煽(あお)るようなタイトル、大げさなタイトルなどがつけられがちです。あなたもYahoo!ニュースなどで経験があるかもしれません。

ちょっと想像してみてください。次の２つの記事があった場合、どちらのタイトルをつけられた記事を読みたいと思いますか？

「スマホの便利な活用法」
「スマホは子どもにとって凶器！」

多くの方が、後者を選ぶのではないでしょうか。これは人のある特性を利用しています。それは、得をするより損をしたくない「損失回避の法則」です。

簡単にいうと、人は無意識に、「得をする」よりも「損を避ける」ことを選ぼうとする特性のことで、ノーベル経済学賞を受賞した心理学者・行動経済学者のダニエル・カーネマンが提唱する理論です。

「必ず100万円がもらえる」と「半分の確率で200万円がもらえるが、半分の確率で1円ももらえない」のどちらかを選ばなくてはならない場合、多くの人は「必ず100万円をもらえる」を選ぶとされています。得する期待よりも、損する不安の方が勝る——これが人として当然の心理なのですね。

ですから、ネット記事も不安を煽るタイトルをつけ、注目を集めようとするわけです。タイトルだけでなく、記事の内容も同様です。

例えば、A化粧品の販売を目的とするページであれば、競合であるB化粧品のマイナスポイントやデメリットを書き連ね、そして比較するようにA化粧品の長所を書く。そうすることで、読み手の「損をしたくない」という心理を刺激し、より堅実な選択肢であるA化粧品を選ぶように誘導するのです。

このように、インターネットでは、「人の特性」を利用しているサイトが数多く存在します。

インターネット表示と広告のしくみ

インターネット広告では、ユーザーの年齢・性別・地域という基本的なものから、興味のあること・検索したキーワード・実際に見たページなどを参考に、見てほしいターゲットに的確に広告を配信することができます。つまり、広告主は効率的に広告配信をすることができるわけです。

手法にはいくつか種類がありますが、代表的なものを４つご紹介しましょう。

①リスティング広告

GoogleやYahoo!などの検索エンジンで表示される広告で、検索結果の先頭にサイトが表示されるものです。多くの人はネット検索をしたとき、検索結果の1ページ目しか見ないといわれているため、広告費を払って、1ページ目（上位）に表示させる方法です。サイト名の近くに「スポンサー」、「広告」などと表示されています。

②リターゲティング広告

一度見たサイトを再度訪れてもらうため、広告表示を最適化したものです。一度クリックすると、何度も何度も同じ広告が出てくることがあるかと思いますが、このしくみを使用したものです。

③SNS広告

LINE・Facebook・X（旧Twitter）・Instagramで表示される広告です。ユーザー情報によってターゲットを絞り込めるため、広告主が効果的に配信できるという利点があります。

④アフィリエイト広告

自分が運営するサイトやブログ記事に広告を貼るものです。広告がクリックされたり、商品が購入されたりすることで、成果に応じた報酬を受け取れます。この報酬を得るために記事を書き、ページをつくっている人たちを「アフィリエイター」と呼びます。最近では、フリマアプリのメルカリで始まった「メルカリアンバサダー」も同じしくみです。

こうしたネット広告のしくみは、例えばYouTubeの「関連動画」などにも使われています。FacebookやInstagramの「おすすめ」なども同様で、ユーザーがこれまでに閲覧したページや、「いいね」をした投稿などをもとに、似たような志向性を持つものが表示されやすくなります。

似たような志向性を持つ情報は、自分にとって都合のよい情報です。こうして、自分に都合のよい記事やニュース、投稿ばかり見て情報を集めていると、閲覧情報がさらに最適化されることが繰り返されます。

何気なく見ているサイトの影響を受け、似たような記事に目が留まるようになり、それが当たり前と思うかもしれません。

そうするうちに、自分が見ている世界が本当の世界、自分が考える「価値」こそ唯一絶対の真実だと思い込むようになっていきます。普段自分が使っているスマホやパソコンではなく、他人のスマホやパソコンを使うと、飛び込んでくる情報がいつもと違い、驚くかもしれません。

偏った情報ばかりを見ていると、フェイクニュースの見分けがつかなくなってしまったり、目の前の情報に疑問を感じなくなってしまったりします。

何でもかんでも疑うべきというわけではありませんが、「この情報は本当に正しいのか？」という視点は、いつも持ち続けてほしいところです。そうすることで、「違った意見も見てみよう」と思うことができ、より正しい判断に近づけるからです。

倍増するフィッシング詐欺被害

２０２３年８月、警察庁は「インターネットバンキングに関するフィッシング詐欺の被害が、２０２３年１月から６月までの半年間に２３２２件確認され、被害額は30億円と、これまでで最も多くなった」と発表しました。これは、２０２２年の通年の被害額のほぼ倍にあたります（２０２３年８月８日ＮＨＫニュースより）。
　フィッシング詐欺とは、クレジットカード会社や銀行、ショッピングサイトなど、実在する企業を装った電子メールを送り、企業のホームページと酷似した偽物のサイトに誘い込み、アカウント情報（ユーザＩＤ、パスワードなど）、クレジットカード番号、

XXXX.co.jpご利用のお客様へ

異常なアカウントアクティビティ。

私たちのシステムは、お客様のアカウントに関するデータ変更リクエストのレポートを受け取りました。
アカウント情報のご確認をお願いいたします。

確認ページにアクセスして、アカウント情報の更新を行ってください。

確認ページ

セキュリティ上の理由から、更新完了するまでアカウントを一時停止しました。この問題を解決するには、確認ページにアクセスしてください。

このメールを受け取ってから2日以内にアカウント情報を更新しない場合は、システムは自動的にアカウントを無効にします。

図 1-1　フィッシング詐欺メール

暗証番号などを入力させて窃取し、本人になりすまして不正な取引を行う犯罪行為です。

フィッシング詐欺の「入り口」となるのが、主にメールです。あなたにも、**図1-1**のようなメールが届いたことはありませんか？

「個人情報の再確認が必要です」、「入金を規制しました」、「不正ログインを検知しました」、「アカウント使用制限のお知らせです」といった堅苦しい表現のものもあれば、「ご登録内容の変更はありませんか？」などとやさしく語りかけるものもあり、手口は非常に巧妙です。

届いたメールがフィッシング詐欺かどうかを見分ける１つの方法が、送信元のメールアドレスや、誘導先のサイトのＵＲＬを確認することです。ただし、年々巧妙さが増しているので、なかなか判断がつかないかもしれません。

少しでも不審な点があるメールを受信したときは、メールは開かず、開いてしまっても、どこもクリックせずに、直接金融機関などに確認の連絡をしましょう。

また、警察庁の「〝偽サイト〟〝詐欺サイト〟に注意！」というページや、消費者庁の「〝偽サイト〟にご注意ください！」というサイトを見て、詐欺について事前に

「知って」おきましょう。

なお、サイトページが安全かどうかを無料でチェックできる「SAGICHECK」、「トレンドマイクロ　サイトセーフティセンター」、「ノートン　セーフウェブ」などのページもあります。これらのページでは、怪しいかな？　と思ったサイトのURLを入力すると、その危険性を表示してくれます。これは、偽ショッピングサイトかどうかを判断するときにも使えます。

ただ、サイトによって判定評価が違い、最新の詐欺サイトの場合、報告事例がなく誤った判定をすることもあります。これで絶対安心ということではないので、参考にはなりますが、開封しない・クリックしないが一番の防衛手段です。

実際に詐欺被害に遭ってしまったら、消費者庁のホームページを参考にして、消費者ホットライン「188」に連絡しましょう。なお、「消費者庁　詐欺」と検索すると、「スポンサー（広告）」がいくつか表示されます。こういったところからも、検索順位で一番上が正しいということではないのがわかりますね。

発信者の目的は何か

ダイエット方法の紹介、ダイエット食品の食べ比べ、トレーニング動画、ダイエット体験記など、「ダイエット」に関する記事は、ネット上に多数掲載されています。また、勉強法、塾比較、受験の合格体験記など、「教育」に関する記事もたくさん見つけられるでしょう。

さて、「ダイエット」に関する記事を書いている人と、「教育」に関する記事を書いている人、それぞれ発信者の目的は何だと思いますか?

すべてがそうではありませんが、「ダイエット」の場合、広告収入のために記事が書かれているケースが多いものです。ダイエット関連製品が紹介され、中には、誇張した情報、何の裏づけもない情報、広告主に都合のよいことしか書かれていない情報もあります。

一方で、「教育」に関する情報は、ちょっと違います。というのも、教育系の記事は他業界と比べると、お金目的であるケースは少なく、「子どもたちの力になりたい」といった善意や、発信者自身の自己満足や承認欲求を満たすことが主目的であることが多いからです。

　このように、発信者の目的によって、情報の内容が変わってきます。ですから「広告を目的として記事を書いているのか？」という視点を持つと、安全な情報とデマ情報の見分けもつきやすくなります。

最低限身につけておきたいネットリテラシー

「ネットリテラシー」は、インターネットリテラシーの略語で、インターネットを正しく安全に使うための知識や能力のことをいいます。

　これまでに述べてきたとおり、インターネット上で発信されている情報は、すべて信用に値するものばかりではありません。情報の真偽を判断し、取捨選択し、正しいものを見極める能力が必要です。つまり、ネットリテラシーを鍛えなければなりません。

　しかし、子どものネットリテラシーを語る前に、実は、親である私たち自身もネットリテラシーが十分身についているとは言い切れません。

大人の世界でもSNSの炎上、個人情報漏洩などのトラブルは日常茶飯事です。「これぐらいなら大丈夫だろう」という甘えが、ネット上のトラブルを引き起こします。

それだけ身につけるのが難しいネットリテラシーですが、最低限覚えておきたいことがあります。それは、「『匿名だから大丈夫』ではない」ということです。これを理解しているだけで、インターネットやSNSに関わるトラブルの多くを回避することができるでしょう。

いじめ、誹謗中傷、性犯罪などのトラブルの発端となっているのは、多くの場合、SNSです。なぜSNSで問題が起こりやすいのか？　それは「匿名性」を安易に考えているためです。

「匿名だから何を言っても大丈夫」、「匿名だし、どうせバレないから大丈夫」……こうした考えは大きな間違いです。

インターネットではIPアドレスという、いわば住所のようなものが存在します。そしてIPアドレスは、裁判所による命令があれば、個人情報が開示されます。匿名だからと油断して他人の誹謗中傷をした結果、IPアドレスから身元を割り出され、起訴され、賠償請求がなされたケースもあります。

匿名性のほかにも、備えておくべきネットリテラシーはたくさんあります。総務省ホームページ「上手にネットと付き合おう！　安心・安全なインターネット利用ガイド」は、インターネットトラブルの事例が紹介されていたり、保護者向け・青少年向け・教職員向け・シニア向けと、それぞれの立場に応じてサイト内のページがつくられています。ぜひ、参考になさってください。

また、小学生、中・高校生には、文部科学省「情報モラル学習サイト」がおすすめです。クイズや動画によって学ぶことができるため、ネットリテラシーへの理解が深まるでしょう。

総務省「上手にネットと付き合おう! 安心・安全なインターネット利用ガイド」

文部科学省「情報モラル学習サイト」

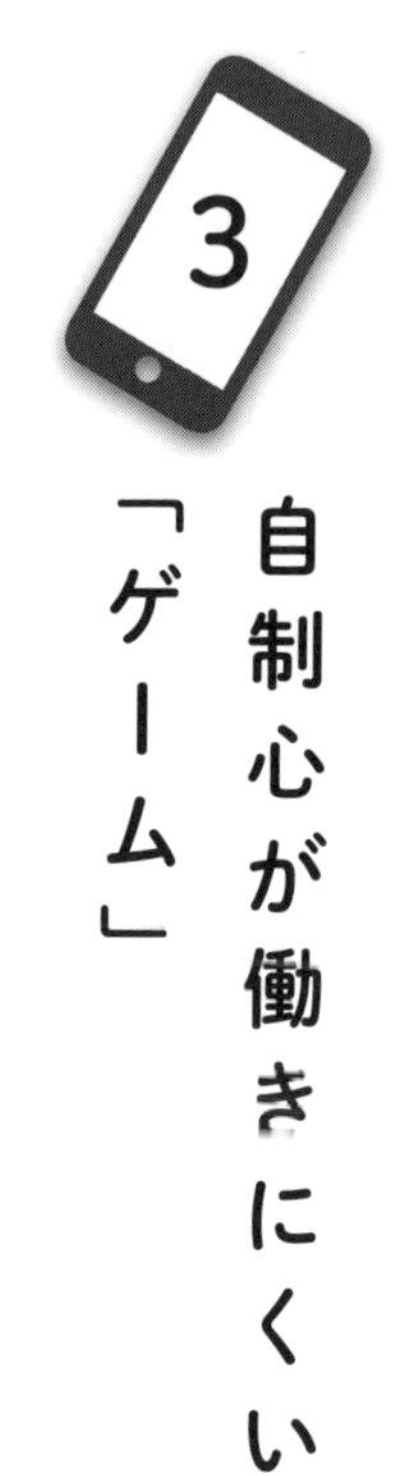

3 自制心が働きにくい「ゲーム」

人はゲームに何を求めているのか

私は10代の頃にゲームにハマり、成績不振に陥った経験があります。30代前半の頃は、昼間は仕事をしつつ夜はオンラインゲームにハマり、睡眠不足から「ネトゲ廃人」になりかけた経験もあります。

ゲームをしない人には、「なぜあんなに熱中しているんだ？」と、不思議に思われるかもしれませんね。

また、普段ゲームをしない方や、子どもがゲームばかりする姿に悩んでいる方は、ゲームを害悪のように捉えているかもしれません。

子どもも大人も、人は何を求めてゲームをするのでしょう。実は、これにはさまざまな理由があります。

- 非現実を味わいたい
- 爽快感を味わいたい
- 達成感を味わいたい
- ストーリーを楽しみたい
- 成長を楽しみたい
- レアキャラやレアアイテムがほしい
- 人と、仲間とつながりたい（特にオンラインゲーム）
- 勉強や仕事からの逃避
- 暇つぶし

これらの理由を見ると、ゲームにハマる理由は、ほかの趣味と大して変わらないとおわかりいただけるのではないでしょうか。ゲームの楽しさは理解できなくても、あなたが自身の趣味に熱中するのと変わらないな、と思えませんか。

のめり込みやすいゲームが増えた背景

「なんでゲームをやめられないの！」

こんなふうに、子どもに怒鳴ってしまったことがあるお母さん・お父さんもいると思います。しかし、残念ながら、こうした声掛けに大きな効力は期待できません。

まずは、保護者自身の意識や前提を変える必要があります。それは？「そもそも現代のゲームはハマるようにつくられている」ということです。

「売れるゲーム」とは、プレイヤーのさまざまな欲求を満たすものです。昔は「ビッグタイトル」と呼ばれるゲームがありました。代表的なものに、ドラゴンクエスト（通称ドラクエ）、ファイナルファンタジー（通称ＦＦ）、マリオブラザーズ、ポケットモンスター（通称ポケモン）などがあります。ゲームをやらない方でも、一度は耳にしたことがあるのではないでしょうか。

今でもこれらのゲームは継続開発・販売されています。しかし、時代の流れとともに、日本での販売本数は頭打ち、もしくは本数を減らしています。

現代はインターネットの普及、スマホの普及、そして昔に比べてゲーム開発が容易になったこともあり、発売されるゲームの種類が増え、遊ぶ側に多くの選択肢が生まれました。

つまり、人それぞれの好みの多様性が、ゲームに反映されるようになったのです。みんなで1つのゲームに熱中する時代を経て、個々人にとってのめり込みやすいゲームが増えたということです。

ゲーム会社も競争が激しいため、マーケティングを駆使し、顧客の要望・欲求を知り、それを満たすゲームを開発します。さらには心理学の手法も取り入れて、「ゲームをする人が簡単に快楽を得られるように」知恵を絞っています。

大人も子どももゲームにハマるのは、こうした背景があるのです。

ＷＨＯも認めたゲーム障害

２０１９年５月25日、ＷＨＯ（世界保健機関）が、「ゲーム障害」を新たな依存症として認定しました。スマホの普及に伴い、ゲーム依存・ゲーム障害が世界中で問題化していることが背景にあります。
WHOが示しているゲーム障害の主な診断基準は、次のとおりです。

- ゲームに関する行動（頻度、開始・終了時間、内容など）がコントロールできない
- ゲーム優先の生活となり、それ以外の楽しみや日常行う責任のあることに使う時間が減る
- ゲームにより個人、家族、社会、教育、職業やそのほかの重要な機能分野において、著しい問題を引き起こしているにもかかわらずゲームがやめり

れない

こうした状況が12カ月以上続いている場合、「ゲーム障害」であると判断できるというのです。

ゲーム障害になると、日常生活に次のような影響・問題が生じるようになります。

- 生活が乱れ、朝起きられない
- 昼夜逆転の生活になる
- 十分な食事をとらない
- 使用を制限されると暴力的になる
- ゲームに高額な課金をしてしまう

ゲーム障害と診断されるほどになった場合は、認知行動療法などの心理的治療や薬物治療が必要になります。思い当たる点や心配に思うことがあれば、家族で抱え込まずに、専門の医療機関に相談してください。対応している医療機関はまだ多くはありませんが、「ゲーム依存症　病院」と検索してみてください。

タダほど高いゲームはない

あなたは、「基本プレイ無料！ ガチャ無料！」とうたうオンラインゲームのテレビCMを見たことはありませんか。テレビCMの広告宣伝には、何百万円以上というお金が必要なのに、無料祭りとはおかしいですよね。

こうしたカラクリの裏には、ゲーム課金があります。

ユーザーがいないことには、場は盛り上がりません。そこで、まずは「無料」という言葉でおびき寄せて、アカウントをつくり、ゲームの場（仮想空間）に招き入れます。ユーザーは、「無料だから」と気軽に始めたものの、遊んでいるうちに「レアキャラがほしい」、「もっと強い武器がほしい」、「手っ取り早くレベルを上げたい」などの欲求が生まれます。これをかなえるのが課金アイテムであり、ゲーム課金なのです。

特に「ガチャ」は、本当によくできた課金システムです。「もう1回引いたらほしい物が出るかも!?」と期待して、何度も課金を繰り返します。

現代のゲームは、こういった人間の心理や欲求を利用して、「いかにユーザーの感覚を乱すか」を狙っています。だから、最初は課金するつもりなんてなくても、遊んでいるうちに次第に課金をしたくなってしまうのです。

もちろん、課金をしなくても無料で遊び続けることもできます。しかし、課金をしないとできることが制限されるため、楽しみ要素は半減し、時間は倍増するのです。

ネット課金の方法

代表的な課金の方法を３つご紹介しましょう。１つ目は、ギフトカードの使用です。ギフトカードには、Google PlayギフトカードやAppleギフトカードなどがあります。

ギフトカードの使用には物理タイプとデジタルタイプの2つのタイプがあります。物理タイプと呼ばれるものは、購入したカードに書かれた入力コードを手動で設定することで使えるようになります。ギフトカードはコンビニや家電量販店で購入できます。

先払いで購入するため、メリットは「課金しすぎた」を回避できることです。一方、デメリットは、店舗へ買いに行かなければならない点、手動で登録する作業が必要という点です。

一方、デジタルタイプと呼ばれるものは、Amazonや楽天に代表されるネットショップで購入できます。つまり、物理タイプにおける入力コードだけを購入することができるのです。

先払いであることは物理タイプと同様ですが、実店舗に行かなくてもよいというメリットがあります。しかし、手元に物が残らず、購入も手軽なため、物理タイプと比べて歯止めが利きにくいのがデメリットです。

2つ目の課金方法は、クレジットカードの使用です。登録可能なクレジットカードをGoogle PlayストアやAppleアカウントに登録することで使用できます。

決済額によりクレジットカードのポイントもたまるのはメリットといえますが、ギフトカードとは違い、購入の手間がなく、簡単に決済できてしまううえに、後払い方式であるため、使いすぎに注意が必要な決済方法です。

3つ目の課金方法は、キャリア決済による月額通信料との合算支払いです。キャリアとは携帯会社のことで、docomo・au・Softbankなど、自身が契約している携帯電話会社が一時的に支払いを肩代わりし、月々の携帯電話料金と合わせて請求が行われます。それぞれ「ｄ払い」、「ａｕかんたん決済」、「ソフトバンクまとめて支払い」と呼ばれています。

クレジットカード利用と同じく後払い方式のため、手軽に支払いできます。また、クレジットカードとは違い、年齢を問わずに使えるので、親権者の許可があれば、小学生でもキャリア決済を利用できます。

使用できる限度額は各キャリアにより異なりますが、未成年はおおむね月1万円程度です。クレジットカード決済に比べて限度額が低めに設定されているため、ある程度は使いすぎを抑制することができます。

ただし、親のスマホを使って課金すると、最大で月10万円程度まで利用できるキャリアが多く、後払い方式であるため、気づくのが遅れるケースが多いのが懸念点です。

ここで挙げた３つ以外にも、デビットカード決済、ＱＲコード決済などもあります。また、どんどん新たな決済方法が生まれています。

課金をすると親がどのように困るのかということを、金銭感覚の甘い子どもに教えるよい機会でもあります。親の許可なく勝手に課金しないようにスマホルールに入れた方がよい項目です。

対人トラブルに遭いやすい「ＳＮＳ」

ＳＮＳの魅力はどこにあるのか

ＳＮＳとはソーシャル・ネットワーキング・サービス（Social Networking Service）の略で、登録している利用者同士が交流できる場のことをいいます。ＳＮＳとひとくちにいっても、Instagram・Facebook・X（旧Twitter）・LINE・TikTokなど、いくつか種類があり、それぞれ特徴が異なります。どのＳＮＳに魅力を感じるかは、人それぞれです。

ここでは一般的なＳＮＳの特徴を８つご紹介します。この８つの特徴が複合的に作用することでＳＮＳの中毒性が高まり、のめり込んでいきます。

①人とのつながりを得られる

「ソーシャル・ネットワーキング・サービス」の名のとおり、ＳＮＳは本来、人と人をつなぐためのサービスです。物理的に人と会えない環境にいる人や、リアルな友人知人ではない誰かに悩みを打ち明けたい人など、このつながりによって救われる方が、数多くいることでしょう。

一方で、そのつながりが発端となって、いじめや誹謗中傷、性犯罪などの大きな問題が発生していることも事実です。

②承認欲求が満たされる

ＳＮＳの特徴は、「いいね」、コメント機能、フォロワー数のように、他者の反応が目で見てわかる点です。

こうした他者からの反応を得ると、ユーザーは脳内の快楽中枢が刺激され、満足感を得ます。そして、自分という存在の承認欲求を満たすことにもなります。これは一種の報酬を得たような状態です。

しかし、承認欲求が満たされると同時に競争心が刺激され、さらなる活動に駆り立てられるおそれもあります。

③情報鮮度が高い

SNSは、リアルタイムで情報が更新されていきます。情報は絶えず更新され、フィードはいつも情報にあふれています。

ユーザーは、自分の好奇心や興味に合った鮮度の高いコンテンツに触れることができ、さらにその情報をもとに他者と意見交換をしたり、喜びや悲しみなどの感情を共有したりすることもできます。

また、SNSの更新スピードが速いため、こまめに確認をしないと流れに乗れず、取り残されると思ってしまうことがあります。これがSNSを頻繁にチェックしたり、時間を忘れてスマホに熱中したりする原因にもなります。

一方、災害時にSNSは大きな強みを発揮します。リアルタイムで状況把握ができるほか、連絡手段としても使えるため安否確認などの役割も果たします。既存のメディアでは対応しきれない点をカバーできるといえるでしょう。

④拡散力が高い

ＳＮＳは簡単な動作で情報を拡散させることができます。誰かの投稿や動画をシェアしたりすることで、フォロワー、その先のフォロワー、その先のユーザーにまで、瞬く間に情報は広がっていきます。

ただし、良い情報も悪い情報も、注目を集めるとあっという間に拡散されてしまうことに留意しなければなりません。一度拡散され、炎上してしまうと収束させるのが難しく、ＳＮＳだけでなくリアルの生活にも支障をきたすことにもなるでしょう。

⑤自己表現ができる

ＳＮＳは、自己表現の場です。ただし、匿名性があるため、本来の自分だけでなく、偽りの自分をも表現することができます。

プロフィール写真、投稿、ストーリーズなどを通じて、考え・価値観・趣味・生活習慣などを含めた「自分」を構築し、他者と共有します。ユーザーの中には、自分の人生や成果を披露するといった自己表現をする人もいます。

こうした自己表現が、フォロワー数や「いいね」の数、コメントなどによって他者から評価されることで、自分という存在を認めることができる自己肯定感を得られます。しかし、いつしかそれが「より美しく見せたい」、「より楽しそうに見せたい」などとエスカレートしていくおそれもあります。

自己同一性という「自分は何者なのか」という概念を表す言葉がありますが、SNSで表現する自分と本来の自分との差に悩んだり、葛藤したりすることもあります。

⑥義務感を抱く

SNSはフォローという形で、互いにつながり合えます。相互にフォローし合う同士（相互フォロワー）は、互いの投稿に「いいね」を押し合ったり、コメントで会話をしたりしながら、コミュニケーションをとります。

しかし、人によっては、自分の投稿に「いいね」をもらったから、自分も相手の投稿に「いいね」を返さなければ……などと義務感を持つようになります。

ある意味、友人思いといえるし、行きすぎた行為ともいえますが、こうした義務感が中毒性を持たせる要因にもなります。

⑦通知機能がある

どのＳＮＳにも、通知機能があります。新しく「いいね」やコメントがつくたびに通知が届くため、新着情報を見逃すことなく確認することができます。

しかし、人は動くものに目が行く性質を持っているため、スマホ画面に通知が届くたびに、集中力がそがれます。勉強中で机に向かっているときでも、通知が目に入るとＳＮＳの世界へ引き戻されてしまいがちです。

⑧暇つぶし・気晴らしになる

ＳＮＳは絶えず情報が更新され、流れていきます。待ち時間などの退屈なとき、もしくは、目の前の現実から逃げたいときなどは、ＳＮＳをチェックすることで暇つぶしをしたり、気晴らしをしたりすることができます。

これらの特徴が複合的に作用することで、ＳＮＳの中毒性が高まり、日常生活にも悪影響を及ぼすほどにハマっていきます。そう考えると「スマホを使わない日をつくる」というルールを入れてもよいかもしれません。

SNSでは裏づけのない情報が拡散されがち

2020年にコロナが蔓延(まんえん)し始めたとき、根拠のない情報が出回り、それに踊らされる人が多数いました。その1つがティッシュやトイレットペーパーなどの買い占めです。

その人々の買い占め行動を加速させたのが、SNSです。「トイレットペーパーの多くは中国で製造されているため、コロナの影響で不足する」といったデマがSNSで投稿されたこともありました。製紙会社や自治体が「そんなことはない」という声明を発表しても、なかなか正しい情報は広まらず、買い占めが起こり、一時期、全国的な品薄になりました。

総務省による「新型コロナウイルス感染症に関する情報流通調査報告書」によると、実際にデマにだまされた人もわずかながらいたものの、多くの人は「デマを信じていたわけではないが、このデマのとおりになったら、自分が困るので買っておこう」という心理が働いたといいます。プロセスはともかくとして、結果的にデマ情報が真実となってしまった一例です。

このように、ＳＮＳの特徴である情報スピードと拡散性は、たびたび問題を引き起こします。何の裏づけもない情報が独り歩きしてしまい、悪意を持ったうわさや、単なる個人の思いつきのような発言であっても、真実であるかのように広がります。

世の中の多くは、光と影のように、良い点と悪い点が存在します。まさに「使い方次第」ということですね。31ページで紹介した総務省ホームページ「上手にネットと付き合おう！」。このサイトのＳＮＳに関するページでは、次のようなフレーズが掲げられています。

ＳＮＳはハートをつなげるもの！　誰かを傷つけるためにあるんじゃない！
〜投稿・拡散する前に一度考えてみよう〜

ＳＮＳは本来、人と人とをつなぐものです。誰かを責めたり、傷つけたり、追い込んだりするためのものではないと、ぜひ、子どもに伝えてあげてください。

競争心を刺激されやすい「推し活」

推し活・投げ銭・ライブ配信

ライブ配信アプリというものをご存じですか？ ライブ配信アプリとは、誰でもスマホ1つで配信ができる生放送アプリのことをいいます。アバターと呼ばれる自分の分身キャラクターをつくり、顔を出さずに配信可能なアプリもあります。

ライブ配信アプリは生放送なので、双方向のやり取りが可能です。YouTubeを視聴するのとは違い、配信者とリスナーの距離がとても近く、ネット上で交流をするSNSの延長にある存在といえるかもしれません。

これは特別なことではなく、小中学生が気軽に雑談の場としても利用することができます。子どもから「ゲーム実況を見ている」と聞いたことがありませんか？ ゲーム実況を見ながら、知らない人と雑談する――そんな使い方をしているかもしれません。

ところであなたは「推し活」という言葉をご存じですか？　推し活とは、アイドルやキャラクターなどから自分の中のイチオシを決めて、応援する活動全般のことをいいます。

この推し活の一環として、推しが行うライブ配信などで課金することを「投げ銭」といいます。

昔から、舞台やショーが終わった後に、「おひねり」としてお金を紙に包んで投げる文化は存在しました。演技に対してのチップ、心づけ、祝儀と考えて構いません。ライブ配信アプリや各種ＳＮＳなどで行われる投げ銭は、お金を送ることもあれば、何かしらのアイテム・グッズを購入し、それをコメントと一緒に送ることもあります。

投げ銭をすることで「好きな人を応援したい」、「好きな人に必要とされている」と感じて幸せな気持ちになりたいと思うのは、恋愛と同じで、人として当然のことです。それが自分の支払い能力の範囲内であれば、問題になることはありません。

子どもの推し活・投げ銭トラブル

投げ銭の魅力の1つは、配信者の反応がリアルタイムでわかることにあります。投げ銭が行われるのは、大抵ライブ配信中です。多くの場合、投げ銭と一緒にコメントを送ると、送った金額に比例してコメントが大きくなったり色が変わったりして、目立つ表示になるようにつくられています。

例えば、YouTubeのライブチャットを利用した生放送では、「スーパーチャット（スパチャ）」といわれる投げ銭機能があります。投げ銭の額によってコメントの色が決まり、投げ銭の金額が1万円を超えるとコメントの色が赤くなり、「赤スパ（赤いスーパーチャットの略）」と呼ばれる状態になります。

この赤スパに限らず、投げ銭を行い、さらに金額が大きくなるほどに、配信者の目に留まりやすくなります。すると「〇〇さん、今日もありがとうね♪」といった一言を、自分の推しである配信者からもらえることもあります。うれしいですよね。

投げ銭を行う理由は人それぞれで、単に友達にプレゼントするような感覚で行っている人もいれば、「ほかのファンよりたくさん投げた」という優越感を味わうために行う人もいます。

多くの配信サイトでは、投げ銭額によって配信者に順位づけがされます。自分が投げ銭をすればするほど配信者のランキングは上がり、「自分が推しを育てている」という満足感も得られます。

しかし、「誰がいくら投げたか」、「どの配信者がいくら投げ銭を獲得したか」というランキングは、言うまでもなくファンを煽ることに直結します。「ファンの中で1位になりたい」、「自分の推しを1位にしたい」という気持ちから、投げる金額はどんどんエスカレート。その結果、自分の支払い能力を超えた投げ銭をしてしまう人もいます。

投げ銭トラブルは、未成年でも急増しています。２０２1年に全国の消費生活センターに寄せられた相談の中には、高校生が親のクレジットカードを使って７００万円もの投げ銭をしたケースもあったようです（２０２1年10月26日ＮＨＫニュースより）。

また、推し活トラブルとしては、高校生がメンズ地下アイドルに２００万円以上を使ったというニュースもあります（２０２４年1月16日ＮＨＫニュースより）。

子どもの推し活をどう見守るか

推し活も投げ銭も、それ自体は決して悪いことではありません。推し活は、その人の人生を豊かにしてくれる楽しみであり、実生活でのストレス解消方法の1つでもあります。

推しが世の中に存在するというだけで幸せな気持ちになることができ、嫌なことを乗り越える・日々のストレスを減らすことができる人もいるでしょう。

また、そう思えることで、日々の生活の原動力になり、仕事や勉強を頑張ろうという活力になることもあります。共通の趣味を持つ友達が増えるきっかけにもなるで

しょう。

問題は、推し活や投げ銭そのものではなく、「限度を超えた行動」にあります。

子どもがゲームにハマる理由と同じで、「何でハマるのか？」を知れば、一概に否定するものではないとおわかりいただけるのではないでしょうか。

このようなトラブルが起きるときは、ただ面白くてハマっているだけのこともあれば、日常生活での悩みやつらさが隠れている可能性もあります。リアルの生活が充実しておらず、学校・友人関係・親子関係などの人間関係の悩みから逃避したくなっているのかもしれません。

原因がわかれば、解決策を見いだすこともできます。否定を前提とせずに子どもの話を聞いてみましょう。

6 子どもを守るスマホの与え方

ここまで、インターネット、オンラインゲーム、SNS、推し活と、スマホを起点としたさまざまな活動について見てきました。大人であるあなたも、初めて聞いた話もあったかもしれません。

当たり前ですが、スマホを手にしたすべての人がゲームにハマり、SNS中毒になり、推し活にのめり込むわけではありません。「うちの子は、きっとこんなトラブルとは無縁だろう」と思われたかもしれません。

しかし、いざトラブルが起きてから対策をとるのでは遅すぎます。受け身になるのではなく、先を見越して先手で策を打っておく必要があります。だからこそ、親が知る必要があるのです。

大事になるのが、ルールづくりです。

ルールがわからないから、ルールがつくれない

中学生のお子さんをお持ちの方。定期テストの成績が悪いときに、「スマホばかりやってないでちゃんと勉強しなさい！」と叱っていませんか？　こうした言葉が飛び交うご家庭では、ルールがない、もしくはルールが甘く、曖昧なことが多いようです。

しかし、スマホのルールとは、どのようにつくるものなのでしょうか。

テレビやネットニュース、学校との三者面談、親同士の会話など、さまざまなシーンで子どものスマホ使用に関する話題が出るたびに「ルールづくりが必要だ」という話になると思います。

でも、どんなルールをつくればよいのか、どのようにつくればよいのか、といった踏み込んだ話になると、なかなか参考になる意見にたどり着けないのが実情ではないでしょうか。

スマホに限らず、世の中にはさまざまなルールがあります。身近なものでは校則や交通ルールもそうですし、法律は上位のルールといえるでしょう。私たちはさまざまなルールを守りながら生きています。

こうしたルールは、つくって終わりではありません。むしろ「つくったルールをどのように守るか」が大事になってきます。

スマホのルールも同じです。まずはルールづくりに着手しますが、つくったら終わりではなく、そこからが真のスタートです。

スマホのルールを守ることは、いわば「約束を守る」ということです。約束事を守り続けるというのは、子育てにおいて、とても大事なことですよね。

そして、くれぐれも勘違いしないでいただきたいのですが、ルールは一度決めたら絶対に変えてはならないものではありません。

法律も時代に合わせて変化します。ご家庭のスマホルールも、子どもの状況に合わせて変化させていくことは、何の問題もありません。大事なのは、親子で話し合いをしながら、ルールを変えていくことです。

最初が肝心！　親子でルールをつくる

まず、声を大にして言いたいのは、「スマホのルールは、親が勝手に決めてはならない」ということです。

最初に親がルールの骨子をつくるのは構いません。しかし、必ず親子で話し合い、お互いに納得のいく妥協点を探ってほしいのです。

というのも、親が勝手にルールを決めた場合、子どもは素直に従うでしょうか？多くの子どもは、一見従順なように思わせつつ、どうにかして自分の思いどおりにしようと画策し、親に隠れてコソコソとルールを破るようになります。

そうなると最も怖いのは、何かトラブルに遭遇したときに、「親に隠れてやっていることだから」と、親に相談できなくなることです。第2章で紹介しますが、一番身近な大人である親に相談したいのに、ルールを破っている自覚があるから相談できない。そうするうちに事態は深刻化して取り返しのつかないことになるかもしれません。

スマホを与えることにより、親子関係が悪化することは、何としても避けたいところです。親子で納得できるルールを決め、それを守っていける環境をつくること、これが最も重要です。

繰り返しとなりますが、重大なトラブルを避けるためにも、気軽に相談できる親子関係を築くこと。そのためには、まずルールをつくる段階で、子どもの意見もしっかり聞いたうえでルールをつくりましょう。

失敗したら、原因を一緒に考える

取り返しがつかない大問題までいかなくても、親子で決めたルールが破られることもあるでしょう。そのときに意識していただきたいのは、「失敗から学びを得て、一緒に活かすこと」です。

「大切な子どもには苦労をしてほしくない」、「子どもには安全な場所で過ごしてほしい」と考えるのは、親として当然の心理です。そうした気持ちから、つい子どもがつまずかないようにと、先回りして安全な道をつくってしまっていませんか？

しかし、目の前にある障害物が壁や石ならまだしも、小さな石まで事前に排除して歩きやすい道を整備することは、子どもにとって最善といえるでしょうか。

親が一生、子どものそばで石を取り除き続けることはできません。ですから、親は子どもに「自立して生き抜く力」を身につけさせることが大事なのではないでしょうか。

壁にぶつかったり、石につまずいたり、派手に転んでしまったり……。そうしたときに自分の力で起き上がり、自分の頭で「どうすれば転ばなかったのか」を考えられるようにすることが親の役目だと、私は考えます。

失敗のない人生なんて、存在しません。であれば、親の目が届くうちに派手に転んでもらうのも、１つの手です。

自分で起き上がることができれば褒めて、助けを求めているのであれば手を差し伸べる。そして、どうすればできるようになるかを一緒に考える。それが子どもの成長を促すことになります。できない理由を考えるのは簡単ですが、何も得ることはできません。

「できない理由を考えるより、できる方法を考える」

これからを生きる子どもたちに身につけてもらいたい思考です。

知っておきたい公的な相談窓口

本章の最後に、何かあったとき、何か起こりそうなときに相談できる窓口を紹介します。

①ヤング・テレホン・コーナー（警視庁少年育成課少年相談係）

警視庁「ヤング・テレホン・コーナー」では、20歳未満の子どもに係る相談を24時間受けつけています。困ったとき、相談したいときに気軽に相談できる窓口です。20歳未満の本人に限らず、家族や学校関係者も相談可能です。

電話番号：03−3580−4970

②少年サポートセンター・少年センター（警視庁少年育成課）

各都道府県に設置されており、子どもの非行などの問題で悩んでいる方、いじめや犯罪などの被害に遭い、精神的ショックを受けている子どものために、専門の職員が「無料・秘密厳守」で相談に乗っています。

少年非行に関する相談をもとに、事件捜査・補導など、少年の非行化・被害を防止し、更生を援助する活動を行っています。「少年センター　東京都」のように検索し、各都道府県の窓口に連絡・相談してみてください。

③警視庁総合相談センター 相談ホットライン

相談内容に応じて相談窓口を案内してくれます。どこに相談しようか悩んだときは、まず相談してみてください。

電話番号　＃９１１０

④消費者ホットライン

オンラインゲームの課金トラブルなどは、こちらが相談窓口になります。また、「消

費者庁　オンラインゲームトラブル」と検索すると、オンラインゲームに関するトラブルについてより詳しく知ることもできます。

電話番号　１８８

第2章

子どもを取り巻く
スマホの現状

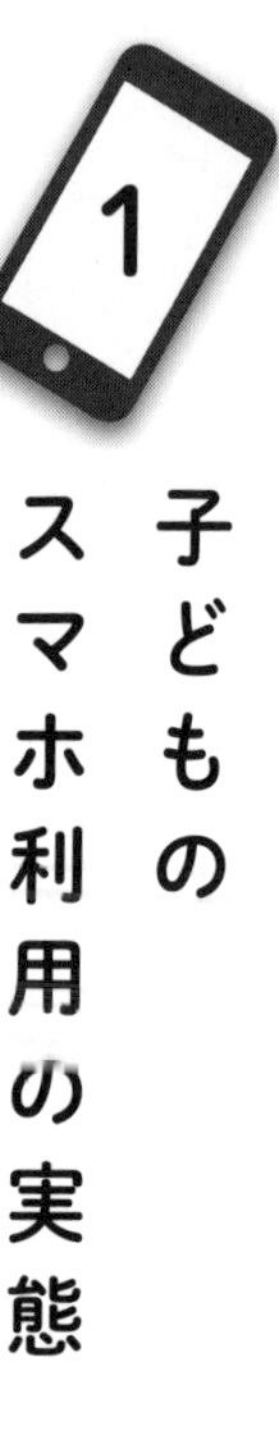

1 子どものスマホ利用の実態

小学生の9割がインターネットを使っている

第1章で、大人も含めたスマホ実態についてお伝えしました。本章では、子どものスマホ利用に焦点を当てて考えていきましょう。

2020年より少し前までは、「ネットは危ない」、「子どもに使わせるには早い」と警鐘を鳴らすメッセージが多数を占めていました。しかし、子どものスマホ保有率が急上昇するとともに、こうした考え方は時代にそぐわなくなってきました。

現在では、「子どももネットは使うもの」を前提に、「どうしたら安心・安全に使うことができるか」という視点になってきています。

内閣府がまとめた「青少年のインターネット利用環境実態調査」（2022年度）

によると、10歳以上の小学生の97・5％がインターネットを利用し、64・0％が子ども専用のスマホを所持しているという結果が出ました。低学年に目を向けると、６歳から９歳の小学生の90・9％がインターネットを利用し、29・4％が子ども専用のスマホを持っていると回答しています。

２０２３年7月、文部科学省が前述の調査をもとに「初等中等教育段階における生成ＡＩの利用に関する暫定的なガイドライン」をまとめました。それによると、２０１３年のスマホ所持率は、小学生６・０％、中学生25・８％でした。しかし、２０２２年になると、小学生64・０％、中学生91・０％にまで拡大しています（図2-1）。

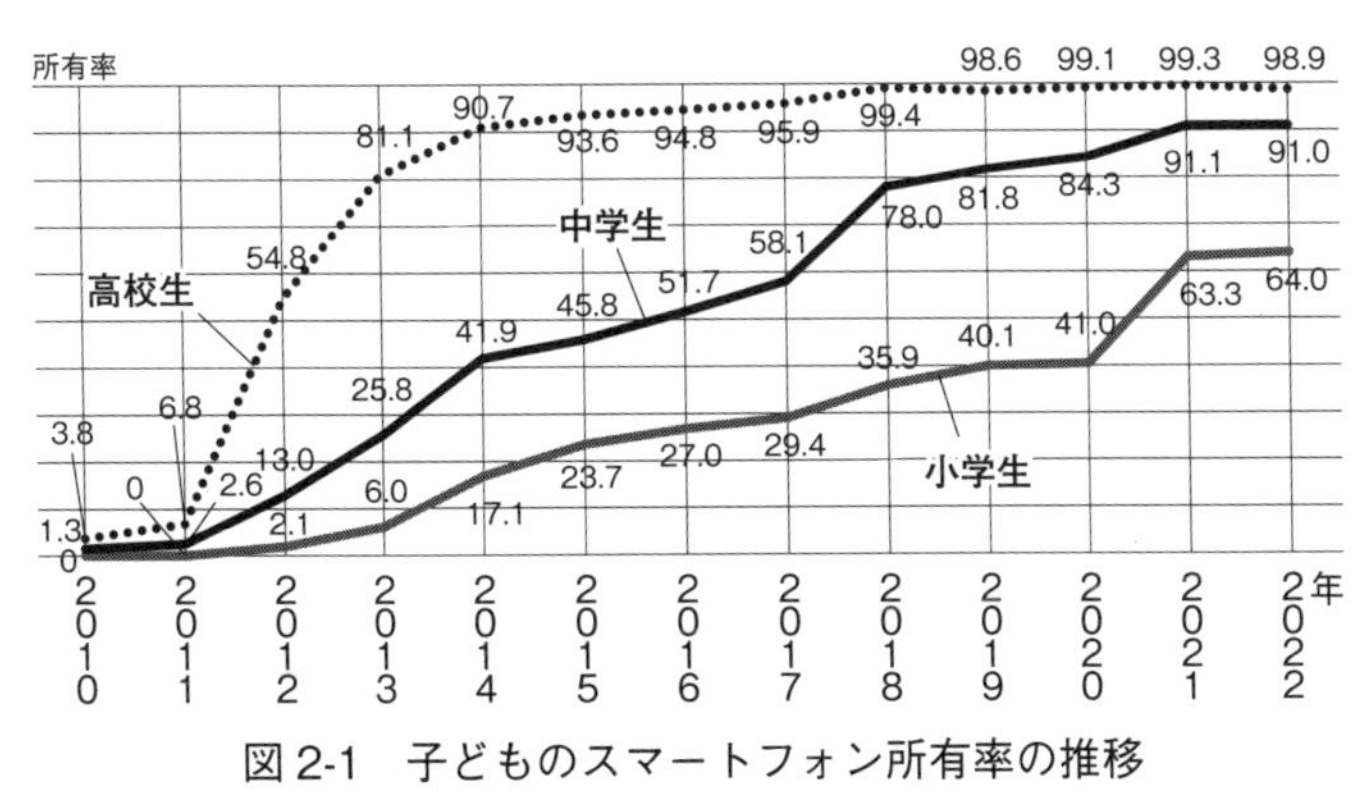

図2-1　子どものスマートフォン所有率の推移

出典：「初等中等教育段階における生成AIの利用に関する暫定的なガイドライン」2023年7月（文部科学省）

10年前くらいまでは、高校の入学祝いにスマホを与える家庭が多かったものですが、今となっては、そんな時代が懐かしいですね。

スマホ依存の土台は未就学児の段階から築かれる

2019年4月、WHO（世界保健機関）は子どもの過度なスマホの使用に関するガイドラインを提示しました。そこには、「2歳未満の幼児に対してはスマホ使用をさせないことを推奨し、2歳から5歳までの子どもに対しても、1日あたり1時間未満に制限するべき」と書かれています。

これは、子どもの健康と発達を促進するための基準として提供されたものです。あなたのお子さんが未就学児だった頃の子育てを振り返ってみてください。いかがでしょうか。

未就学児に積極的にスマホを与えるご家庭は、ほとんどないと思います。WHOに指摘されるまでもなく、スマホ使用が未就学児の健康や発達に良いとは思っていないものの、日々の生活の中で、子どもを静かにさせるために仕方なくスマホを渡してしまうケースもあったのではないでしょうか。

特に公共の場では、幼児・未就学児をおとなしくさせるために、動画などを見せる姿をよく目にします。私が営む学習塾でも、入塾説明会の際に下のお子さんが騒がないようにスマホを与えている姿を見ることがあります。

一方、当の幼い子どもにとって、スマホは魔法の箱のようなものです。好きなキャラクターの動画や音楽が流れ、楽しいゲームだってできるのですから。

最初は「外で静かにさせるため」だったスマホですが、子どもは楽しい体験の続きをしたくなり、次第に家でも使いたくなります。親も、家事などで忙しいときに静かに遊んでくれると作業がはかどるので、あまり好ましくないとは自覚しつつ、つい与えてしまう……、こんなケースがたくさんあります。

そして、一度与えてしまうと、今度はやめさせるのに一苦労。「もう終わりね」と言って、親が一方的に取り上げると、大泣きされたり、癇癪（かんしゃく）を起こされたりの大騒ぎになることもあります。これを子どもの立場に立って考察すると、大人の考えを一方的に押しつけられて納得できず、問題行動を起こしているともいえます。

理想的なのは、子どもにスマホを渡す前に時計を指し示し、「長い針が○のところに来たら終わりにしようね」と、最初にルールを伝えることです。時間感覚も養えますし、決めたルール・約束を守ることも伝えられます。そして、そのルールを守れたら、思い切り褒めてあげましょう。そうすると、子どもはルール・約束を守ることは良いことなのだと認知するようになります。

とはいえ、大人だって、最初の一度でできることは多くありません。1回で身につくとは思わず、何度も繰り返し、根気強く伝えていくことが大事です。

こうした幼い頃の約束事に向き合う姿勢が、その後に大きな影響を与えます。逆に言えば、幼い頃からルールを雑に取り扱うと、成長とともにスマホ依存の土台をつくっていくことにもなります。

「中学生の平日の平均スマホ利用時間は4時間半」という事実

あなたは、自分の子どもが、1日にどれくらいスマホを使っているのか把握していますか？ 私が見てきた中には、1日に10時間を超えてスマホを使っている生徒もいました。一度、お子さんのスマホの「スクリーンタイム」をチェックしてみることをおすすめします。どのアプリに、どれくらい時間を費やしているのかを確認することができます。

「令和４年度 青少年のインターネット利用環境実態調査」（内閣府）によると、高校生の平日１日の平均利用時間は、約５時間45分。中学生は、約４時間37分。小学生（10歳以上）は、約３時間34分でした。これは日中、学校や部活動などをして過ごしている平日の利用時間ですから、驚きです。

利用時間で最も多いのは、小学生（10歳以上）「２時間以上３時間未満」（19・９％）、中学生「３時間以上４時間未満」（18・２％）、高校生「７時間

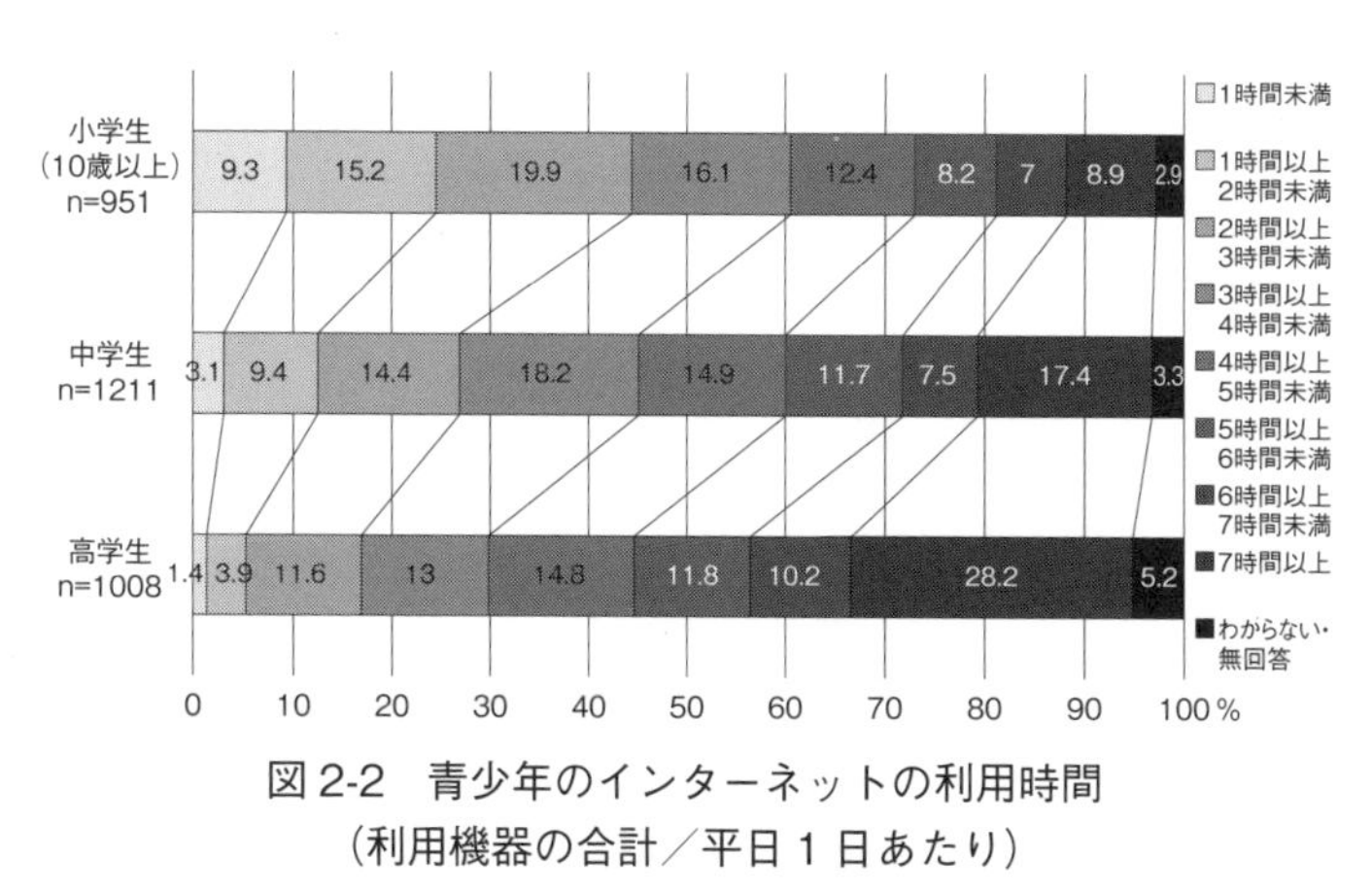

図 2-2　青少年のインターネットの利用時間
（利用機器の合計／平日１日あたり）

出典：「令和４年度青少年のインターネット利用環境実態調査結果」令和５年３月（内閣府）

以上」（28・2％）であり、年齢が上がるにつれ1日の利用時間も長くなることがわかります（図2-2）。

なんとなく「うちの子はスマホを使いすぎなのでは？」と思っていたとしても、実際に数字を目の当たりにすると、ハッとするのではないでしょうか。

「インターネット（スマホ）の長時間利用は好ましくない」と多くの親が思っている中、こういった現実がある。それはつまり、「ルールがない」、「ルールはあっても、甘く曖昧である」、もしくは「子どもがルールを破っているのに親が気づかない」といった背景が考えられます。

スマホによる睡眠不足は心身の健康を損なう

睡眠不足の身体への影響

厚生労働省「健康づくりのための睡眠指針２０１４」の座長を務めた日本大学医学部の内山真医師によると、睡眠不足は子どもの成長を阻害する要因だといいます。

人は眠っている間もさまざまな活動をしています。疲労回復、記憶の整理定着、ホルモンバランスを整える、免疫力の向上、身体の成長……。「眠育」という言葉があるくらい、睡眠は生命活動において重要で欠かせないものであり、睡眠時間の確保は最重要課題といえます。

こういうと、「寝だめをすればいい」と思う人もいるかもしれませんが、人は眠りをためることはできないといわれています。休日に長い睡眠時間を確保するのは、平日で不足した睡眠時間（睡眠負債）を取り戻そうとしていることであり、国際的には「週末の眠りの取り戻し」と呼ばれています。

休日に長時間の睡眠が必要な場合、平日の睡眠時間が不足しているサインですので、睡眠習慣の見直しをする必要があります。なお、起床時間がズレることは、体内時計が狂ってしまう原因にもなるので、普段起きる時間のプラス2時間を限度とした方がいいようです。

「健康づくりのための睡眠指針2014」の改訂案「健康づくりのための睡眠ガイド2023（案）」の「こども版」では、「小学生は9～12時間、中学・高校生は8～10時間の睡眠時間を確保」することが奨励されています。

また「スクリーンタイムを減らし、体を動かす」、「寝床ではデジタル機器の使用を控える」なども書かれており、「子どもの寝室へ、いかにスマホ（デジタル機器）を持ち込ませないか」に焦点が当たっているほどです。153ページでは、スマホ使用で睡眠不足に陥った塾生の実例も紹介しています。

また、寝床にスマホを持ち込んだ場合、通知などにより睡眠の途中で起こされてしまうこともあります。これは「中途覚醒」といわれ、睡眠障害で悩んでいる方の症状の１つです。

さらに、子どもの場合「入眠時刻の先送り」をしてしまいがちだそうです。これは、寝ないといけないのに楽しいことをやめられず、就寝を先送りすることを指していて、子どもの意志の強さの問題ではないことを知っておきましょう。

これらのことから、特に睡眠においては、ルールがなく本人任せにすることがいかに危険であるかをうかがい知ることができます。

睡眠不足はメンタルにも悪影響を及ぼす

子どもにとっての睡眠は、身体の成長への影響も大きなものですが、心への影響が多い点も見過ごすことはできません。

私の教え子たちでも、不機嫌な態度をとる生徒、情緒不安定な生徒に話を聞いてみると、寝不足であるケースが多々あります。

例えば、私が小学４年生から見てきたある生徒は、６年生に進級した頃からネガティブ発言が極端に増加。常にイライラしており、暴力的な言動が見受けられるようになりました。話を聞いたところ、就寝時間が1時や2時という、かなり乱れた生活をしていました。

そこで、保護者の方の協力を得て、家庭でのルールを決めていただき、毎日23時には寝るように改善していきました。すると、問題発言や問題行動が明らかに激減するようになりました。

このように、成長期の子どもにとって、睡眠は何よりも守るべき大事なものです。また、睡眠不足は心身の不調を引き起こすだけでなく、学校生活を送る子どもたちは、寝不足によって授業中に居眠りをしてしまったり、それによって成績が低下したりと、勉強や通知表の結果にまで悪影響を及ぼすことが想像できます。

現代において、良質な睡眠の大きな妨げとなり得るスマホ。スマホを寝床に持ち込むことで睡眠が脅かされるならば、「夜22時以降は親がスマホを預かる」といったルールを項目に入れることを強くおすすめします。「目覚まし時計で使っているから」と、子どもが渋るようであれば、代わりに目覚まし時計を渡せばよいだけのことですからね。

3 インターネットが子どもの人格形成に与える影響

それはいつか性格になるから

有名な言葉をご紹介しましょう。

思考に気をつけなさい。それはいつか言葉になるから。
言葉に気をつけなさい。それはいつか行動になるから。
行動に気をつけなさい。それはいつか習慣になるから。
習慣に気をつけなさい。それはいつか性格になるから。
性格に気をつけなさい。それはいつか運命になるから。

ご存じの方もいらっしゃると思います。世界の偉人・聖人と呼ばれるマザー・テレサの言葉です。

考えていること、思っていることは、つい言葉に出てしまう。いつもそういった言葉を口にしていると、それが行動となって現れる。行動の繰り返しは習慣となる。習慣は、その人の性格を形成していく。性格はポジティブ・ネガティブを問わず、自分の能力や人間関係に大きな影響を与える。そして、自分の能力や人間関係に影響が出れば、運命（人生）も変わっていくというものです。

第1章でも触れましたが、私たちが目にしているインターネットの世界では、自分ではそれと気づかないうちに自分好みの情報だけに囲まれ、多様な意見から隔離されていることがあります。

例えば、YouTubeなどでは、1つの動画を見ると、次から次へと関連動画がおすすめされます。ユーザーの検索履歴やクリック履歴を分析して最適化され、そのユーザーの志向に沿った情報が優先的に表示されるしくみです。

同時に、ユーザーの考えに合わないと思われる情報は切り捨てられていきます。つまり、自分にとって都合の悪い情報、興味関心のない情報は目に留まりにくくなっていきます。そうするうちにどんどん視野が狭くなり、自分が見ている世界が正しく、それが真理だと思い込むようになっていってしまうのです。

何気なく見ている動画（言葉）の影響を受け、似たような情報が目に留まるようになり（行動）、それが当たり前になってくる（習慣）と、人格形成（性格）にも影響してくることは、容易に想像できます。

フィルターバブル現象とエコーチェンバー現象

もう少し詳しく解説しましょう。インターネットにおける体験はパーソナライズされたものであり、ユーザーごとに最適化されたコンテンツが表示されます。自分好みの情報や自分と同じ視点からなる情報だけに囲まれてしまうため、おのずと、異なる意見が目に入りにくくなっていきます。

このようなことを「フィルターバブル現象」といいます（図2-3）。自身の考え方や価値観の「バブル（泡）」の中に孤立するという情報環境を指すものです。そのきっかけをつくったのは自分ですが、自分で積極的に選んだ環境ではなく、また、その状態に陥っていることに自分は気がつきにくいところに問題があります。

自分で情報を取捨選択するのではなく、あらかじめ取捨選択された世界を歩いているわけです。考え方の視野が狭くなったり、異なる価値観に触れる機会が失われたりすることが懸念されます。

また、「エコーチェンバー現象」というものもあります（図2-4）。これは、SNSのような興味関心を同じくする人たちからなる空間で自分の意見を発信すると、自分と似た意見が返ってく

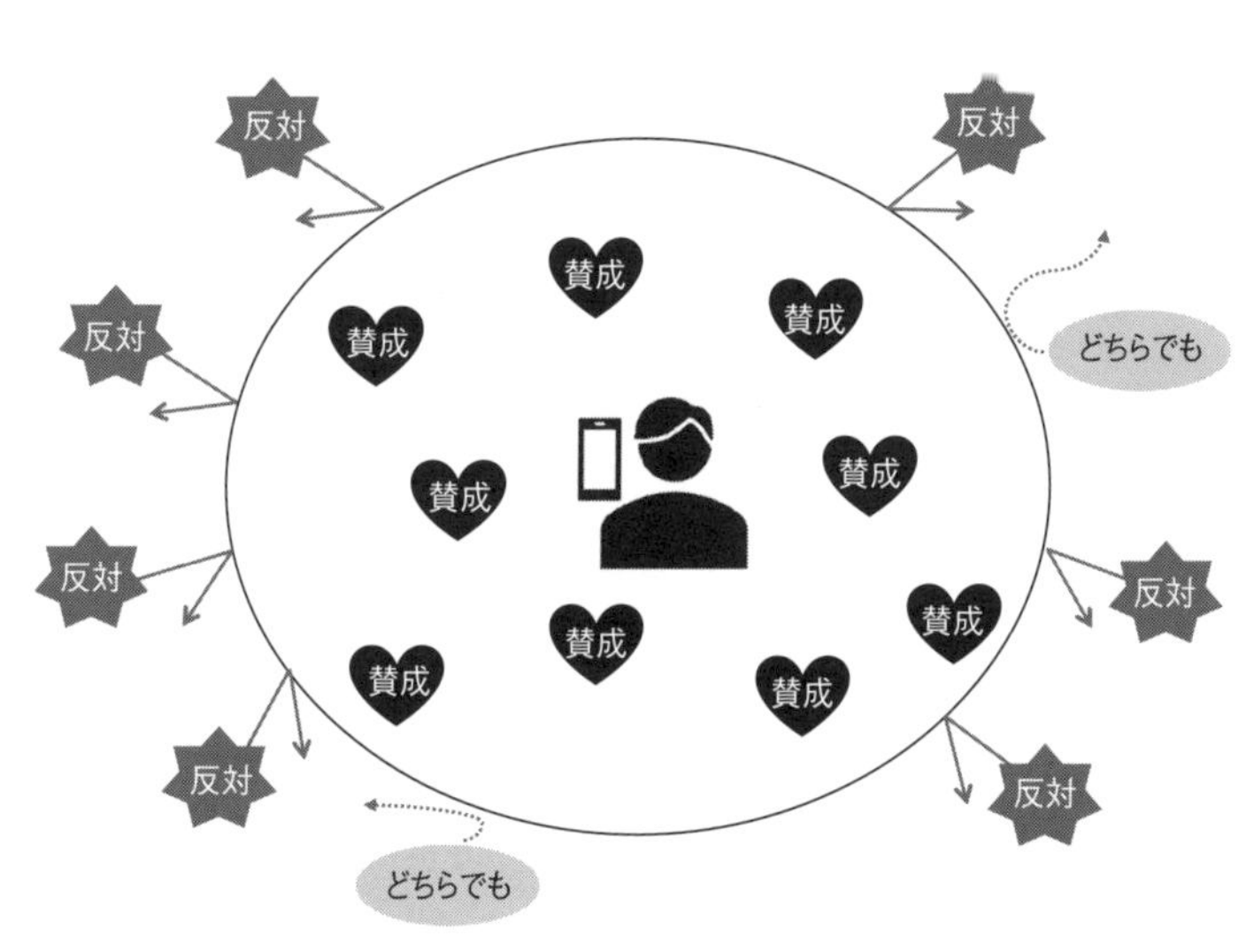

図 2-3　フィルターバブル現象

る状況を、反響室に例えたものです。

　自分と似た考え方や価値観を持つ閉ざされた空間の中にいると、自分たちの意見や価値観こそが正解であり、その意見しかないかのような勘違いを生み出しかねません。また、価値観の似た者同士で交流・共感し合うことで、特定の意見や思想が増幅していきます。

　多様な視点が抜け落ちているため、その情報は本当に正しいのか、事実なのかといった検証がされにくく、誤った情報であっても「正しい」と思い込んでしまう危険性

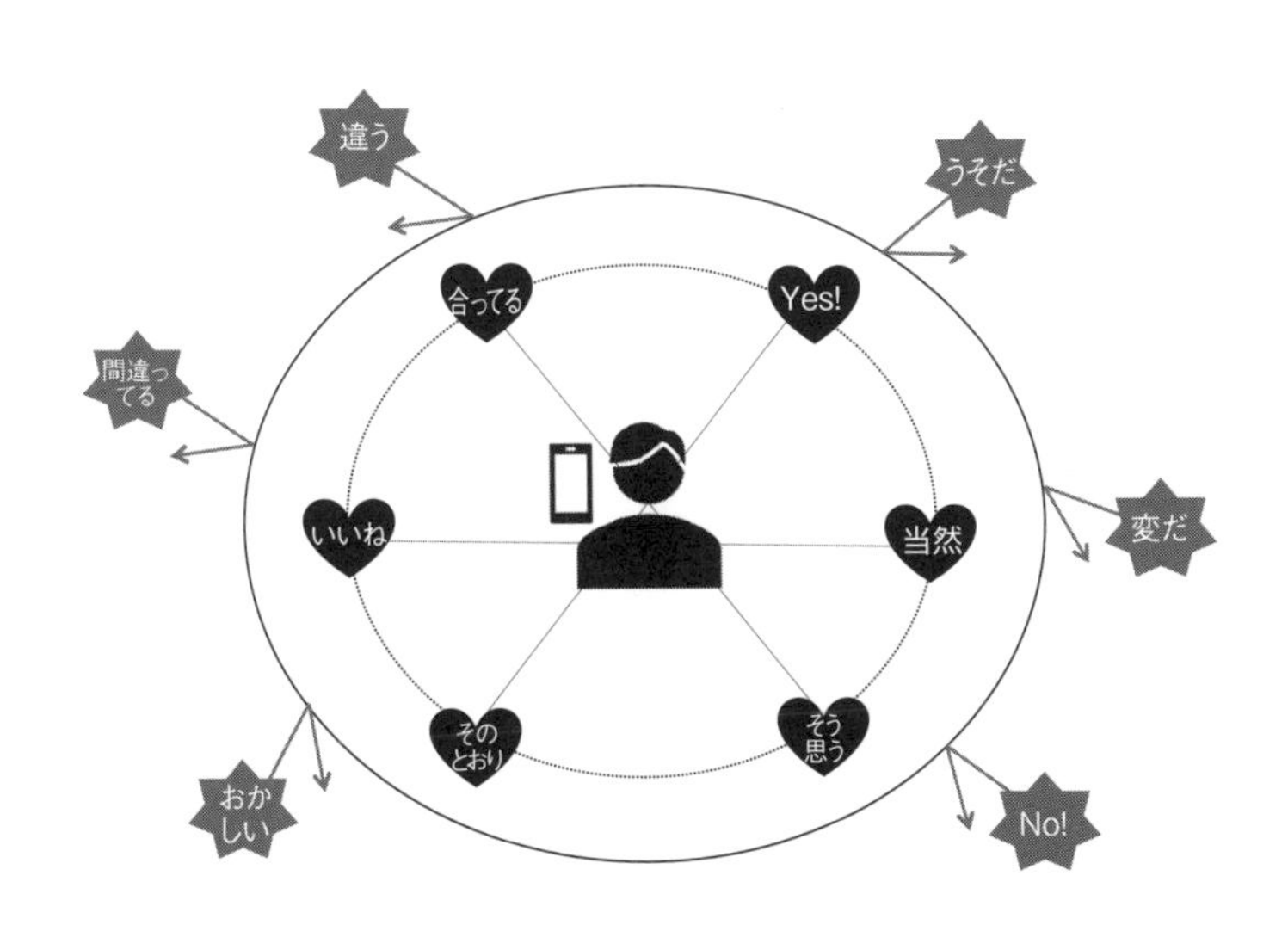

図2-4　エコーチェンバー現象

もあります。

結果的に、異なる価値観に対してどのように向き合えばよいのかわからない子どもが増えているようにも感じます。現代の子どもたちは、そういった環境の中にいるということを、私たち大人は知っておかなければなりません。

言葉はいつか行動になる

子どもたちが多くの時間を費やすインターネット。大きな可能性を秘める一方、閉ざされた空間でもあることをおわかりいただけたのではないでしょうか。

インターネットのオンラインゲームやSNS、推し活などは、まさに自分と興味・関心が似通った人たちの集まりです。自分でも気づかないうちに、交流相手から影響を受けていることが予想されます。

私は保護者の方から「子どもがゲームをしているときの暴言が気になる」といった相談を受けることがあります。ゲームに負けて悔しい思いをすると、腹立ちまぎれに「ウザい」、「ムカつく」、「ふざけるな」、「んだよ！　これ！」、「クソゲーだな！」、「お前なんか消えろ！」といった、乱暴な言葉が口から出てしまう子どもも少なくないようです。実は私もそうでした。

これは、子どもの未熟さが原因の1つです。つまり、腹立たしい気持ちをうまく言語化できないのです。もちろん、インターネットを含む、他人の暴言に感化されてしまう面もあります。

子どものひどい暴言を耳にしたとき、親であるあなたは、おそらく「そんな言葉使うんじゃありません！」とか、「何なんだ!?　その言葉遣いは！」、「だからゲームはダメなのよ」といった反応をしていませんか？

ただ、こうした言葉を発しているとき、子どもは一種の興奮状態にあります。そこに親であるあなたが過敏に反応してしまうと、かえって子どもの反発心に火をつける結果にもなりかねません。

ひどい場合は攻撃的になって家の物を壊し、さらに攻撃的な言動を引き起こすこともあります。怒りの矛先が親に向き、家庭内暴力に発展することもありました。

ネガティブな感情を持つこと自体は、人として当然のことです。そういったときには、心配だとは思いますが、少し様子を見ましょう。

そして、しばらくして落ち着いたら、「さっきはどうしたの？　心配したよ」、「イラつくことがあったんだよね。話してくれるとうれしいな」といったように、あくまで自分を主語にした伝え方をしてみてください。さらに、「勝てないのが悔しい」、「集中的に狙われて悲しかった」などと、感情を言葉で表現できるように、一緒に考えてあげてください。

ネガティブな感情をどのように扱うかは、子どもが大人へと成長していく中で学ぶ大事なポイントとなるものです。たとえインターネットから影響を受けて乱暴な言葉を使うことがあったとしても、親であるあなたが「心配したよ」、「どうした？」と話しかけてくれたら、子どももハッとするきっかけにもなります。

目を光らせたい課金トラブル

第1章でもお伝えしたように、ゲームには中毒性があります。子どもはいったん熱中すると、際限なく続けようとしてしまうことがあります。

子どもがゲームやSNS、推し活などにハマった場合、課金問題には留意しなければなりません。ゲームに熱中するあまり、課金する手が止まらなくなってしまうおそれもあるでしょう。

推し活と、その延長線上にある投げ銭による課金トラブルも増えています。また、ＳＮＳでの自己表現に歯止めが利かなくなり、金銭トラブルが発生することもあります。

人は承認欲求の強い生きものです。「自分が認められた」、「相手から必要とされている」と感じると、うれしいものです。ゲームやＳＮＳ、推し活は、人間の持つそうした承認欲求をうまく刺激し、課金行動へと導きます。

しかし、子どもが使えるお金には限度があります。大人と違い、自分でお金を稼ぐこともできません。いけないとは思いつつも、親のクレジットカードやキャリア決済に手を出してしまう可能性もあるでしょう。お金ほしさに、パパ活・援助交際などの問題行動に走ってしまうおそれもあります。

大きな金銭トラブルは、ある日突然発生することはありません。最初は、親も気にしないほど小さな額の課金などから始まり、そのうちに気が大きくなり、もしくは欲求がエスカレートして、課金額がどんどん膨らんでいきます。行動が習慣になっていく大事な局面です。

親に求められるのは、トラブルの芽が小さいうちに摘んでおくこと。少額でも身に覚えのない請求があったり、見たことのない持ち物を子どもが身につけるようになったり、金遣いが荒くなったりしたら、早めの声掛けが必要です。

子どもの問題行動を目の当たりにしたとき、親がついやりがちなのは、頭ごなしに否定してしまうことです。親自身がゲームや推し活などについて知らないと、知らないことへの恐怖感や拒否感から、どうしてもネガティブな反応をとってしまいます。

しかし、いきなり否定されると、子どもは「何も知らないくせに！」と反抗するばかり。これでは話し合いになりません。

まず、かけるべきは「どうしたの？」という言葉です。子どもがトラブルに巻き込まれていないか、子どもが悩みを抱えていないか、「困っているなら、相談に乗るよ」と手を差し伸べる準備ができていることがスタート地点です。

親子といえども、親のお金を使って勝手に課金をすることは、他人のお金を無断で使うことであり、立派な犯罪行為です。

ゲームや推し活などは、「そのうち飽きるだろう」、「いつか卒業するはず」などと放置するケースも耳にします。しかし、個人差はあるものの子どもは感情をコントロールし、ブレーキをかける脳の前頭前野が十分に発達していないため、大人と比べて欲求や衝動をコントロールするのがそもそも難しく、「いつか」を期待していると取り返しのつかないことになりかねません。

親の財布や貯金箱からお金を抜き取るという行為は昔からある話ですが、現在は決済方法が増えたことにより、問題が複雑化しています。そして、金額が高額化していることが、問題を大きくしているといっていいでしょう。

親個人の手に負えないような大きなトラブルが発生したとき、もしくは発生しそうなときは、62～64ページでご紹介した公的な相談窓口に相談することをおすすめします。

対話型生成AIの登場が学習面で与える影響

子どもの学びはどう変わる？

一躍有名になった対話型生成ＡＩ。文章、画像、音声、音楽、動画、ＡＩアバターまでもつくれるため、コンテンツの生成、自動化、人間とのコミュニケーションの向上などのほか、テレビＣＭなどでも生成ＡＩを使ったＡＩタレントが起用されるなど、さまざまな分野で応用されています。

対話型生成ＡＩで代表的なものとしては、ChatGPT（OpenAI社）、Bing Chat（Microsoft社）、Gemini（Google社）などがあります。例えばChatGPTは、チャット形式で質問・会話をすることで、ネット上にある情報をもとにＡＩが生成した回答を得ることができます。

指示文（プロンプト）を工夫することで、非常に精度の高い結果を得ることができます。仕事で言えば、指示の与え方で結果が変わる、ということですね。

これまでは時間をかけて検索したり、文献を当たったりしなければ得られなかったようなことが、対話型生成ＡＩを使うことで、一瞬で答えを得られるようになりました。

問題は、知りたいことを会話形式で気軽に尋ねることができるため、何でもかんでも生成ＡＩに質問して回答を得ようとする子どもが増えてきていることです。

実際、レポート作成や、小論文・卒業論文の作成などに対話型生成ＡＩを使用した場合、学校・大学側はどのように対応するか、現在議論が続いています。小中学生についても、文科省が「読書感想文などの課題で丸写ししないように」と注意を呼びかけている状況です。

しかし、すべてを悪い方向に考えるのではなく、対話型生成ＡＩが学習の効果的なツールとなる面は評価したいところです。文章を書く前の素材集めとして使ったり、自分の考えに対して異なる視点を提示してもらう〝壁打ち〟相手として使ったりすることは、より良いアウトプットを出すうえでの大きな手助けになるでしょう。

これからの時代に求められる能力とは？

生成ＡＩの進化のスピードは増すばかりです。しかし、生成ＡＩはまだまだ発展途上。倫理上の問題や誤った回答をしてしまうこともあります。活用する際は、生成された内容が正しいかどうかを確認し、必要に応じて修正しなければなりません。

このとき必要になってくるのが、読解力や基礎知識です。生成ＡＩの回答に何の疑問も抱かないまま丸写ししてしまう学生と、生成ＡＩの回答をもとに自分の頭で考え、自分なりに工夫を凝らしたり、新たなアイデアの参考にしたりする学生の二極化が起こる可能性が考えられます。

生成ＡＩの手にかかれば、人間の頭で何日も作業が必要だった仕事が一瞬で仕上がります。爆風のような進化は、あらゆる業界で革命を起こすことでしょう。

そうなると、求められる人材・能力も変わってきます。求められる人材が変われば、教育も変わります。これまでの受験勉強のような、「暗記して、問いに答える」といった教育で身につく力は、もはやＡＩに代替されます。

なお、ニュースサイトでは、こういった点ばかりがクローズアップされますが、間違ってはならないのは、これまでの教育が不要になるわけではないということです。なぜなら、人間の思考の土台となるのは知識であり、知識は、学習によって身につくものだからです。学習によって得た知識を活用した「自らで考える力」が今後さらに必要になるということです。

「自らで考える力」の本質は読解力・想像力や論理的思考で、読書やプログラミングがその一例といえます。文部科学省が作成した「小学校プログラミング教育の手引き」には、プログラミング教育を必修化させた目的はプログラマー養成ではなく、「どのように問題を解決するか？」という手順を模索する力・思考法を学ぶこと、すなわち論理的思考の育成と記載されています。

そして、相手が言っていることを理解し、論理的に思考し、効果的に伝える術を身につけるためにも、語彙力・国語力が必須。これらは、ＡＩ時代を生きるうえで必須となる本質的な力といえるでしょう。

変化する学びの中、読書をすることや、語彙力が豊富な人と会話をすること、数学やプログラミング教育を学ぶことは、こういった力を獲得する1つの方法となります。

注意したいスマホ依存

子どもは未熟であるという前提

これまでに何度も述べてきたとおり、オンラインゲームやSNSなどには中毒性があります。自制心を働かせないようにつくられているといっていいでしょう。未熟な子どもたちが依存してしまうのは、ある意味当然です。

子どもがスマホに依存してしまうのは複数の要因が関係していますが、大きく、①衝動性、②コミュニケーションの2つに分けることができます。

スマホ依存の要因① 衝動性

衝動とは「我慢できない」と言い換えることもできます。

オンラインゲームは楽しく、大人も子どもも、すぐにのめり込んでしまいます。それもそのはず。ユーザーをハマらせようという意図をもってつくられているからです。ですから、前提知識として、いったんオンラインゲームを始めたら、途中でやめるのは至難の業ということを知っておいてください。

また、子どもは感情のブレーキをかける脳が未発達な状態です。脳には、本能や感情をつかさどる「大脳辺縁系」と、感情をコントロールする理性をつかさどる「前頭前野」があります。大脳辺縁系が思春期に急激に成長するのに対し、前頭前野の成長は緩やかであるため、子どもは大人に比べて感情のブレーキが利きにくいのです。それは、「ゲームをやりたい」という欲求や衝動をコントロールするのが難しいということです。

衝動への対策には、ルールが効果的です。あらかじめ家庭内でルールを決め、「ゲームは1日1時間以内」、「課金はお小遣いの限度内で」などの項目を入れておきたいところです。

スマホ依存の要因② コミュニケーション

スマホはただのツールではなく、コミュニケーションをもたらすものです。

1つ目は、実社会の友達とのコミュニケーションです。学校の友人などとの連絡手段としてのスマホは、いつでも、どこでもコミュニケーションをとることができる便利ツールです。心地よいつながりを求めるだけでなく、「仲間外れにされたくない」、「話題に乗り遅れたくない」という疎外への恐れから、スマホが手放せないこともあります。

2つ目は、仮想社会の人とのコミュニケーションです。SNSやオンラインゲームでの人とのつながりは、実社会とは違い、容易に相手を選ぶことができ、心地よい人間関係を構築することができます。

子どもは、ストレスや寂しさ、不安、勉強など、家庭や学校での問題などがあると、しばしばスマホに逃げがちです。そして、逃避した先にあるオンラインゲームやSNSが楽しく、抜け出せなくなるわけです。

コミュニケーションは、相手が存在することで成立します。「相手が話しかけてくれるから」、「いつも一緒に遊んでいるから」などの状態が日常的に続くと、それは習慣となっていきます。

コミュニケーションへの対策には、親子の会話が有効です。特に、「子どもがスマホを使って逃避したいこと」は何なのかを否定せずに聞くことが、何よりも重要です。親に相談することができる環境があると、子どもはスマホに依存せずとも問題を乗り越えることができるようにもなります。

オンラインゲームでの人間関係と危険性

オンラインゲームで他者とつながることについて、もう少し詳しく説明しましょう。オンラインゲームで知り合った人とただゲームを一緒にしている分には、さほど心配する必要はありません。

注意が必要なのは、リアルで会おうとし始めた場合や、LINEなどの別アプリで連絡を取り合うようになり始めた場合です。

オンラインで知り合った人同士のトラブルは数知れません。プレイヤーの多くは共通の趣味を持つ一般人ですが、中には子どもを狙った犯罪者も潜んでいます。子どもが気軽に接触してしまわないように、注意が必要です。
ここで、2つのケースをご紹介します。

ケース①X（旧Twitter）でフォローしたことがきっかけで、会うように

最初は1人でオンラインゲームを楽しんでいたAさん。ゲームにハマっていくうちに、その時々でパーティを組むのではなく、いつも一緒に遊ぶ人がほしいと思うようになります。でも、自分から積極的にアプローチをするというよりは、試してみたいという程度の好奇心が始まりでした。

Xで、「#（ハッシュタグ）〇〇（ゲーム名）」と入力すると、そのゲームに関連する投稿が表示されます。「いいな」と思う投稿にコメントするうちに、「あなたも「〇〇（ゲーム名）」をやるんですか？一緒にやりましょう！」と誘われ、時間を合わせてログインし、楽しく会話しながら遊ぶようになっていきました。

ボイスチャットアプリを使用して一緒にゲームをするうちにどんどん親しくなり、今度はLINEの「マイQRコード」をスクショしてXのダイレクトメッセージで送り、LINEでも友達に。そこから、LINE上でやり取りが始まりました。すると今度は、「ど

こに住んでるの?」、「会って遊ぼうよ」などと盛り上がり、実際に会うことになりました。幸い、相手が良識のある人たちだったので、問題になりませんでした。

ケース②深夜までLINEの会話が続くように

一緒にオンラインゲームで遊べる友達がほしいと思っていたB君。LINEで、自分が遊んでいるゲームのオープンチャットに入ってみたところ、数人と意気投合。ケース①に比べると、ボイスチャットアプリをはさまないことから、警戒心がかなり低いですが、仲良くなった人たちで、新たにLINEグループをつくりました。

その後、仲間が仲間を呼び、LINEグループの人数はどんどん増加。今では、会話は深夜にまで及び、貴重な情報を逃さないようにと、B君は就寝中であってもLINEの通知が鳴るたびに目を覚まし、スマホをチェックするようになりました。

このように、最初はオンラインゲームでの交流が、XなどのSNSを経て「Discord（ディスコード）」や「パラレル」などのボイスチャット（VC）にコミュニケーションの場を移し、信用できるなと思ったらLINEでのコミュニケーションへ移行することもあります。

こうしたボイスチャットアプリを利用する理由は、通話しながらゲームを楽しむことができる点。また、1つの電話番号につき1つのアカウントしかつくれないLINEと違い、複数のアカウントをつくることができるため、相手が気に入らないときはブロックしたり、最悪、アカウントをつくり直したりして再スタートするのが容易だからです。また、アカウントごとにプロフィールを変えることもでき、本来の自分とは違う自分を装うこともできます。

このような方法でつながることができると知っていましたか？　こういったことからも、子どもが新しいアプリを入れたいと言ったときは要注意。大人がすべてのアプリを把握することはできませんが、それがどんな用途に使われるアプリなのかをネットで調べて理解したうえで、許可するのか制限するのかについて、親子で話し合ってください。

第4章でも紹介しますが、用途を知るという本質を理解したうえで話をすれば、スマホの扱いに長けた子どもに言いくるめられることは避けられるでしょう。

これだけは伝えたい スマホ利用の約束事

ここまで、オンラインゲームをはじめとする子どものインターネット利用実態と、スマホが子どもの心身に及ぼす影響について考えてきました。

本章の最後に、子どもに伝えたいスマホ利用に関する約束事をまとめました。次章では具体的なルールづくりについて考えていきます。ルールを決める際にはここでの約束事がベースとなります。

この背景には、取り返しのつかない犯罪リスクなどが潜んでいますので、子ども自身がきちんと理解できるように、丁寧に伝えてください。

犯罪から身を守る

①個人情報や秘密を打ち明けない

氏名や住所などはもちろん、写真や行動範囲など、個人が特定される情報はインターネット上に流してはいけません。自分はもちろんのこと、家族や友人知人の個人情報も同様です。

また、ネット上では自分も相手も匿名であるという安心感から、リアルでは人に言えないことも話しがちです。しかし、悩みを打ち明けることは、一方で弱みを握られることでもあります。気を許して個人情報を教えたが最後、話した内容を広められる可能性もあります。また、「秘密をバラされたくなければ、言うことを聞け」と脅迫される危険性もあります。

②ネット上の友達と会いたい

インターネット上で知り合った相手の本性はわかりません。甘い言葉をかけられて、本物の友達であるかのような錯覚に陥って会ってみたところ、薬物投与、誘拐、児童買春、恐喝、ストーカーなど、大きな被害に遭うケースが多発しています。

インターネットで知り合った人と会うときは、必ず事前に大人（親）に相談するように伝えましょう。１人で会うのは最も危険なことです。

③裸や下着姿の画像は絶対に送らない

好意を持っている相手に依頼され、「ちょっとだけならいいか」と油断して、裸や下着姿などの画像を送ってしまうことがあります。あるいは、何らかのきっかけで脅され、パニックになって要求されるがままに送ってしまうことも。

一度拡散した情報は消すことができず、一生の傷として残ります。悪意のある脅しを受けた場合は、まず親に、そして警察に相談しましょう。

④課金は必ず親に相談する

リアル社会と同じで、インターネット上でも自分の支払い能力を超えたお金は使えません。「ちょっとだけ」、「今回だけ」などの気持ちで親のお金に手を出してしまうと、味をしめて、何度も繰り返すことになりかねません。

親のお金であっても、無断で手を出したら泥棒と同じ。それは立派な犯罪行為です。多額の請求額が届いて、親が支払いに困ることになると理解させましょう。

⑤ＩＤ・パスワードを安易に教えない

ゲームならば、ＩＤ・パスワードを教えることで、勝手に多額の課金をされ、それを根こそぎ奪われることもあります。情報は誰にも渡してはならないことを理解させましょう。

⑥フィッシング詐欺に注意

24ページでも解説しましたが、「パスワードの再設定をしてください」といったメールの多くは、フィッシング詐欺です。ＩＤやパスワードを乗っ取られ、悪用される可能性があります。メールに貼られたリンクはクリックせず、気になる場合は、だまそうとして表示されている銀行やＥＣサイト（アマゾンや楽天など）に直接問い合わせるなどして確認しましょう。私が経験した中には、ＪＲ東日本やクレジットカード会社をかたったものもありました。

⑦安易に個人情報を入力しない

私たちが個人情報を積極的に入力してしまうサイトがあります。それは、占いや性格判断です。アドバイスがほしいとき、背中を押してほしいときなど、占いに頼りたくなりますよね。しかし、名前・生年月日・好み・メールアドレスなど、占いには多くの個人情報が求められます。気づかないうちに個人情報が抜き取られ、売買され、悪用されることもあると意識しましょう。

⑧楽して稼げることはない

ＳＮＳなどで持ちかけられる「楽してお金を稼げる方法」、そんな方法はありません。何の努力もなく楽してお金を稼げるなら、誰もがその方法を試し、全員がお金持ちになっていることでしょう。

こうしたお金もうけの話は、自覚しないうちに詐欺などの犯罪行為に加担してしまうおそれがあります。はじめは「話を聞くだけ」でも、言葉巧みに誘導され、気づいたときには抜け出せなくなっていることも。最初から一切の接触を持たないことが大事です。おかしいなと思ったらネットで検索してみたり、62～64ページで紹介した相談窓口に相談したりしましょう。

ネットリテラシーを身につける

①ID・パスワードは強固なものに

生年月日や名前など、他人から推測されやすいID・パスワードは不正利用されるおそれがあります。SNSなどでは、アカウントを乗っ取られる可能性もあります。大文字・小文字・数字・記号などを組み合わせ、複雑なものにしましょう。

②人の嫌がる投稿はしない

LINEなどの文字情報だけのコミュニケーションは、表情も声の抑揚もないので、ニュアンスが伝わりづらい面があります。例えば「面白くない?」の「?」をつけ忘れただけで、その意味は全く変わってしまいます。相手に誤解を与え、仲間外れやいじめに発展することもあるので、使う言葉は慎重に選び、相手の気分を害することは投稿しないように気をつけましょう。

なお、匿名だからと誰かの悪口をＳＮＳなどに投稿すると、発信者情報開示請求などによって投稿者が明るみにさらされることもあります。また、ネットいじめにより相手を傷つけた場合は、いじめた側も罪を問われたり、逆に、自分がターゲットにされたりする可能性もあります。悪口を言うことにメリットはありません。

③ＳＮＳに写真をあげる危険性を理解する

写真画像には多くの情報が詰まっています。例えばスマホで写真を撮ると、設定によっては画像に位置情報が含まれています。また、いくら加工しても、写り込んだ背景などから場所を特定することも可能です。自宅や学校周辺など、日常の行動範囲内で撮影した写真から個人が特定され、ストーカー被害などに遭う可能性もあります。

④仲間内の悪ふざけのつもりが犯罪に

飲食店のバイト学生による迷惑行為、回転寿司店でのいたずら行為など、仲間内での軽いいたずらや悪ふざけのつもりが、処罰や多額の損害賠償請求につながる可能性があります。

ちょっとした悪ふざけだと思っているかもしれませんが、そうした行為は立派な犯罪であることを自覚させます。ちょっとぐらい大丈夫だろうと、仲間内で動画などを撮り合い、SNSにアップすると、すぐさま拡散され、個人が特定されるということを教えましょう。

⑤著作権の侵害・肖像権の侵害

画像・動画・音楽など、私たちの身の回りの多くのものは、つくった人が著作権などの権利を所有しています。また、何気なく撮った写真に他者の顔が写り込んでいた場合、肖像権が発生します。許可なくSNSなどにアップロードすると、権利侵害とみなされることがあるので注意が必要です。

⑥信頼できるサイト以外では買い物をしない

特に海外サイトに見られますが、ほかと比べて極端に価格が安いサイトがあります。詐欺サイトである可能性もあり、注文しても何も届かなかったり、もしくは粗悪品が送られてきたりする可能性もあります。

閉店セールを装い「商品が余って困っています」などと言い、個人情報やクレジットカード情報を盗もうとする手口も。まずは注文をする前に、ネットでそのサイト名を検索してみてください。詐欺サイトの一覧を紹介しているサイトもあります。

また、27ページで紹介したサイトチェックを利用するのも1つの方法です。

⑦転売は違法

チケット類をフリマサイトで転売するのは違法です。ほかにも医薬品、偽ブランド品などはフリマサイトで売ることはできません。「知らなかった」では済まされず、刑事罰の対象となります。


7つほど紹介しましたが、あなたはすでに知っていたことかもしれません。しかし、子どもは大人に比べて人生経験が少なく、リスクに対する警戒心が不足しています。そのため、危険行為に気軽に手を出し、自分では解決できない状態に陥ってしまうこともあるでしょう。

大事なことは、少しでも「マズイかも？」と感じたら、すぐに大人に相談することです。親でも対応が難しい場合は、すぐに62～64ページで紹介した相談窓口に相談しましょう。

第3章

ルールづくりの本質——親子関係のつくり方

スマホルールづくりの心構え

つくったルールを守ることが大事

ここまで、インターネットやスマホの利用実態と危険性についてお伝えしてきました。オンラインゲームやＳＮＳなどは中毒性が高く、子ども本人の自覚や自律のみに期待するのが難しいということが、おわかりいただけたと思います。

しかし、スマホはもはや私たちの生活必需品。日常と切っても切れないものとなり、子どもにスマホを与えないという選択肢はありません。

では、どうすればいいのでしょうか？

そのカギとなるのが、「ルール」です。私たちが生活する社会には、多くのルールが存在します。

ただし、ルールはつくって終わりではありません。つくったルールを守ることが、何よりも大事なのです。

しかし、子どもは、親が勝手に決めてしまったルールに納得できない点があれば、素直に守ることは難しいでしょう。すぐに抜け道を探します。子どもにスマホルールを守らせるには、親子で一緒に話し合いながらつくることが肝心です。

そこで本章では、具体的なスマホルールの項目を考える前に、ルールづくりをするうえでの心構えや、親子のコミュニケーション、親子関係について考えていきましょう。

子どもの主張に耳を傾ける姿勢を

多くのご家庭では、親の名義で携帯会社と契約し、機種代や月々の利用料も親が負担するのではないでしょうか。「親が子にスマホを買い与え、子は定められたプランの範囲内で利用する」という関係からか、親としての立場を利用したルールづくりがなされるケースが多く見られます。

よくありがちなのが、親の「子どもはこうあるべき」という理想や思い込みがルールに反映されているものです。これでは子どもは不満を感じるだけ。そのうち、どうにかしてバレないようにルールを破ろうと画策し始めます。

ルールを守って運用するためには、ルールづくりの際に子どもの主張に耳を傾けることが大事です。子どもも、自分の意見が反映されたルールであれば「自分の言ったことは守らなければ」という気持ちが芽生えるものです。

もちろん、子どもの意見をすべて取り入れてしまえば、ルールになりません。親として納得ができないことは、意見したり、却下したりすることもあるでしょう。でもまずは、却下を前提とせず、中立的な立場で子どもの主張を聞いてください。

また、中立的に聞こうと思っていても、家事や仕事などで忙しいときなどは、「それは○○でしょ」などと話を遮ったり、命令口調になったり、説得しようとしてしまうこともありがちです。それでは話し合いにはなりません。

繰り返しになりますが、スマホルールで大事なことは、つくったルールを守れるよう親子で話し合って決めること。そして、ルールを破ってしまったり、トラブルに巻き込まれてしまったりしたときに、子どもがすぐに親に相談できるように日頃から信頼関係を築いておくことです。

小学校高学年から高校生にかけて、子どもは反抗期を迎えます。そこに「お母さんに話したって、どうせ聞いてくれない」、「お父さんはすぐに否定するから言いたくない」といったネガティブな感情が加わると、子どもをスマホトラブルから守ることが難しくなってしまいます。それにはどうしたらよいかを、いくつかご紹介します。

子どもの言い分と「あなたのため」に隠れた真意

親は、子どもが歩けず、言葉も話せない赤ん坊の頃から見続けています。そのため、いくつになっても子どもは子ども、という態度をとりがちです。

あなたは、自分の子どもの話を「子どもの言うことだから」とぞんざいに扱ったり、発言を軽んじたりすることはありませんか？

確かに、子どもは大人である親に比べると未熟です。まだ自分の意見をしっかり持っているとは言い切れない部分もあります。しかし、子どもにも自我があり、子どもは子どもなりの考えがあります。

子どもの意見は、親からすると「何を言ってるの？　そんなの無理に決まっている
でしょう？」と思うほど非現実的で、突拍子もないものであることが多々あります。
子どもの意見が未熟なのは当たり前。でも、よくよく聞くと「なるほど、そういう
考え方もあるな」と感心する意見や、子どもならではの斬新なアイデアであることも
多いものです。大人が常に正しく、子どもが常に誤っているわけではありません。子
どもの意見が正しく、的を射ている場合もあるのです。

一例として、卒塾生のセリフの中に、こういったものがありました。

「自分の意見を認めてくれて、さらに適切なアドバイスをしてくれるので、勉強面以
外でも塾長と話すと心に余裕を持てた」

私は、生徒の話（言い分）をすべて聞き、それに対してアドバイスをするときは、
「選択肢は与えるが、決定権は本人に持たせる」という対応を繰り返し行いました。
自分で決めているので、自分事として捉えるようにもなります。

また、子どものことを思い、その意図や理由を伝えることなく「あなたのためだか

ら」と口にしたことはありませんか？　この「あなたのため」という言葉で、子どもの行動は変わりましたか？　おそらく、ほとんどの子どもはピンとこない顔、表面上はわかったような態度、または反抗的な態度をしていませんでしたか？

大人である私たちは数々の失敗と成功を繰り返してきたため、子どもの言動に対する未来が、ほぼ予見できてしまいます。親自身の経験や後悔などから、自分の大切な子どもに「こうなってほしい（ほしくない）」という切実な思いを込めて「あなたのため」という言葉を伝えても、子どもにはなかなか響かないのが現実です。

なぜなら、子どもは遠い将来のことなど想像できないからです。そして、想像できないことは実行できません。つまり、遠い将来の失敗を見越して先回りして声をかけられたところで、子どもには何の実感もわかないどころか、余計なお世話とすら感じる場合もあるのです。

こうした先を見越した対応は、一見、リスクを回避できそうに思えます。しかし、これこそが大人の価値観の押しつけともいえます。

そもそも、この「あなたのため」という言葉は、本当に「あなたのため」なのか。もちろん、子どもを心配しての言葉であるのは間違いないでしょう。しかし、多くのお母さん・お父さんと話をしていると、「子どもが親の思う理想の状態になっているかどうか」というケースが実に多いものです。

一生懸命勉強している姿に安心する。

疲れて帰ってきたのに、手伝いもせずにゲームをしている姿にイラッとくる。

そして、「勉強したの？　あなたのために言っているのよ！」と言ってしまうこともある。

このように、親自身の感情を「あなたのため」という言葉に乗せているケースが少なくありません。こういったときの有効な方法は、130ページでご紹介する「Iメッセージ」（I＝私）が効果的なので、読み進めてください。

大人と子どもでは持っている「物差し」が違う

「みんなが言っている」の〝みんな〟とは誰？

あなたは子どもと話をしているとき、「みんなが言っている」という言葉をよく耳にしませんか？　この〝みんな〟とは誰のことでしょうか？　何人いるのでしょう？　具体的な名前は？　つい聞き流してしまいがちですが、こうした確認はとても重要なことです。

私が生徒からよく聞くのは、「〝みんな〟公立高校に行くので、公立高校がいいかなと思います」というセリフです。詳しく尋ねると、「みんな＝自分の親しい友達数人」だったりします。大人からすると、その〝みんな〟は範囲が狭すぎないか？　と感じますよね。

時代や地域によっても異なると思いますが、今の私立高校は少子化にあらがおうと、特色ある教育や面倒見、進学実績をウリにしています。また、都道府県により名称は多少異なりますが、私立高校進学に際して、国や地方自治体が授業料を助成する「私学助成金」の助成額が増えたことも追い風となり、私立高校を第一志望にする中学生は急激に増えています。その年によって違いますが、塾生の半分が私立第一志望という年もあったぐらいです。

つまり、子どもと大人では、物事を測る物差しが異なるのです。子どもは狭いコミュニティの中での出来事を、あたかも世間の常識であるかのように捉えてしまっていることもあります。子どもにとっての〝みんな〟は、大人にとっては内輪の数人、というのも珍しくありません。

こうしたことは大人同士の会話でも起こり得るものですが、「みんながそう言っている」、「みんなが使っている」と子どもが口にしたときに、流されてしまわないように注意したいところです。

同様に、子どもが「〇〇君もそうだよ」などと口にしたからといって、そのまま受け入れず、それが事実なのかどうかを確認してみてください。本人に悪気がないことも多いものですが、それが事実ではなく、子どもの勝手な思い込みや、「〇〇君もそうだといいな」といった本人の願望を言葉にしていることもあります。

同じ事象を目にしても、子どもと大人では別々の物差しを使って認識しています。子どもが口にすることを鵜呑み（うの）みにしてしまうのは、リスクに対する備えが甘くなると思いましょう。

だからといって大人の物差しで評価しない

あなたは、自分の子どもに「もう中学生（高校生）だから〇〇しなさい」などと声をかけることはありませんか？　では、何を期待して、このような言葉をかけていますか。

子どもの1年と大人の1年では、時間の進み具合が全く違います。子どもはカラカラに乾いたスポンジのようなもので、日々の行動、経験、自分に向けられる言葉・態度など、さまざまな要因を吸収しながら、日々変化していきます。

塾を営む私が特に実感することは、中学の3年間を見ても、成長は子どもによりそれぞれです。半年でまるで別人になったかのような変化を遂げる生徒もいれば、3年かけて緩やかに成長する生徒もいます。

つまり、「中学生（高校生）だからこれができて当たり前」というのは、大人が勝手に持っている物差しでしかありません。大人の物差し、そして他者との比較で「これができた」、「これができない」と子どもを評価するのは適切ではありません。

比べるのは、これまでと今日の違い。過去のその子自身と比較して、何ができるようになったのかを考えましょう。これを意識すると、自分の持つ物差しや、ほかの子どもと比較して落胆するようなこともありません。親自身の心の重荷も、少しだけ軽くなると思いますよ。

1つ、私の生徒の実例をご紹介します。生徒C君はスマホのオンラインゲームを楽しみつつも、彼なりに時間を区切って勉強に取り組んでおり、中3の1学期の通知表結果は、決して悪いものではありませんでした。むしろ、中2のときよりも、5教科で「4」も伸びていたほどです。

しかし、家での学習時間や勉強への取り組み姿勢は、お母さんが理想とする「中3受験生の勉強姿勢」とはかけ離れたものでした。お母さんは何度も「スマホばっかり触ってないで、もっと勉強しなさい」などと注意しましたが、Ｃ君の態度には変化が見られず、とうとう頭にきて、強引にスマホを取り上げたそうです。

お母さんは、スマホを取り上げさえすれば勉強すると思っていましたが、実際は違いました。スマホを取り上げたら、今度は今まで見ていなかったテレビを見たり、漫画を読んだり、ソファでぼんやり過ごしたり……。メリハリをつけて勉強していたときよりも、かえって学習量が減ってしまいました。それもそのはず。彼にとって娯楽であるスマホがなくなることで、別の娯楽へ移動しただけでした。

世間一般の「中３受験生」のイメージと比べるのではなく、中２のＣ君と比べてどこがどう伸びたかを見ていれば、「スマホを触ってばかり」ではないと気づいたのではないでしょうか。大人の持つ物差しに無理やり当てはめようとした結果、Ｃ君のお母さんには、スマホが悪者のように見えてしまったのかもしれませんね。

高校進学後、このお母さんはこういった態度を改善し、良好な親子関係を構築。Ｃ君は進学したいと思った大学に進学しました。

「視覚化」して認識を共有する

「あなたはゲームしてばかり」
「いつもスマホを触ってる」

子どもに注意をするとき、こんなふうに言っていませんか？ 私たちは往々にして〝いつも〟や〝ばかり〟という言葉を使ってしまいがちです。でも、言われた子どもは「〝いつも〟じゃないよ！」と反論していませんか？

〝いつも〟も〝ばかり〟も「常時」という意味で使っていると思いますが、深刻な依存症でもない限り、24時間ずっとゲームをしているとか、食事中も入浴中もすべてにおいてスマホを触っているということはないでしょう。

つまり、〝いつも〟も〝ばかり〟も、非常に感覚的な言葉として使われています。そうです。これも大人の物差しで長短が決められているのです。そして、子どもは子どもの物差しで「〝いつも〟じゃない」と反発するわけです。

互いに異なる物差しを持って言い合いをしても、溝は深くなるばかりです。ルールをつくるときは、この親子の認識の違いをすり合わせる必要があります。ここで効果を発揮するのが、視覚化です。

ここでいう視覚化とは、ゲームで遊んだ時間やスマホの利用時間をグラフなどに表すことです。グラフは帯グラフが便利です（図3-1）。100円ショップで売っている簡単なスケジュール帳などでも構いません。

子どもと一緒に、スマホの「スクリーンタイム」を見ながら、帯グラフに記入してみてください。1日にどれくらいの時間をスマホやオンラインゲームに費やしているのかはっきりします。また、全体量だけでなく、「この時間帯が最も長時間スマホを使っている」といった行動特性も明確になります。

私も、「大体」、「まぁまぁ」、「少し」といった言葉を使う生徒には、具体化や視覚化を提案します。視覚化することで、「あれ？

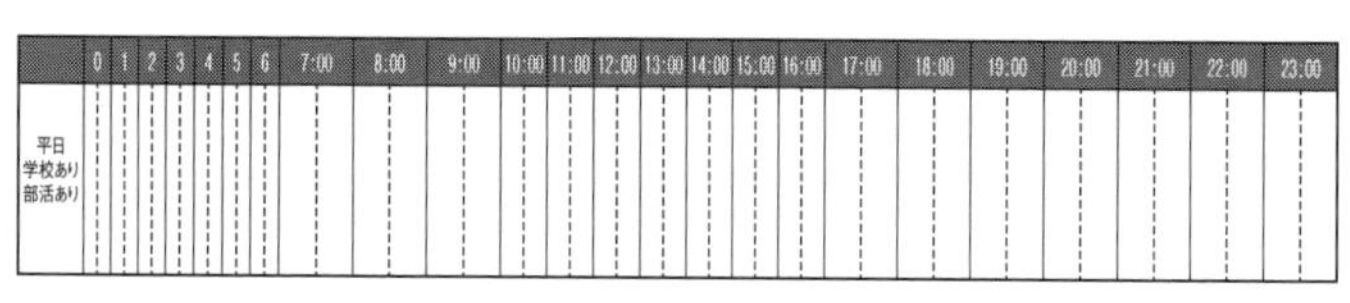

図3-1　帯グラフで視覚化する

そこまで心配するほどでもないか」と、親がホッとすることもありますが、大抵は「こんなに使っていたのか」と感じることが多いでしょう。

例えば、子どもが1日2時間オンラインゲームで遊んでいたとしましょう。2時間を「長い」と捉えるか「短い」と捉えるかは、測る物差しによって異なります。

しかし、大事なことは「2時間」という利用実態を知ることです。「今日は1日2時間オンラインゲームで遊んだ」という事実を親子で共有したうえで、「2時間ゲームをするのは、どうだろう？学校の課題をする時間はとれている？」などと話し合ってください。

すると、「学校の課題をする時間を確保したいから、オンラインゲームで遊べるのは1日1時間まで」となるかもしれないし、「平日は1時間を限度にするけれど、土日は2時間まで遊んでもよい」といった着地点が見いだせるかもしれません。

1つ気をつけていただきたいのは、睡眠時間。課題をする時間は確保できても、睡眠時間が足りなければ意味はありません。詳しくは73ページを参照してください。

なお、図3-1に示した帯グラフのPDFファイルは読者特典でダウンロードいただけます。詳しくは巻末ページで紹介しています。

親子関係を良くするコミュニケーション法

中学生は「未熟な大人」

私は中学3年生の生徒たちが卒塾するときに、アンケートをとっています。その中の印象深い回答をいくつかご紹介しましょう。

「勉強のことだけでなく、家族の話もできて楽しかったです。周りに相談できる大人は塾長しかいません」

「自分の意見を認めてくれて、アドバイスをくれるので、心に余裕が持てました」

「褒めてくれるので自信がつきました」

「誰かの言葉だけでここまで気楽になれるんだと感じました」

私は生徒と話をするとき、大きく2つのことを心掛けています。

1つ目は、生徒のことを「未熟な大人」と捉えて話を聞くことです。子どもは子どもなりに考えて意見を主張します。その内容が未熟だったとしても、子どもの意見を尊重し、「では、その方法を試してみようよ。ただ、やってみて微妙だなと思ったら、先生の言った方法も試してみてよ」などと伝えるようにしています。

もちろん、明らかな誤りであったり、あまりにも稚拙な意見だったりした場合は、「先生の言った方法を試してみない？ やってみてそれが微妙だと思ったら、自分が考えた方法をやってみよう」と提案することもあります。

2つ目は、生徒の話を途中で遮らず、最後まで聞くことです。これはコミュニケーションの大前提であり、とても大事なことです。

話を聞きながら「いやいや、それはないよね」と感じたときも、頭ごなしに否定することはしません。「確かに、そういう考え方もできるよね。では、こうだったらどう思う？」と。まだ試していないようでしたら、試してみてくださいね。

ところであなたは、親である自分の意見が間違っており、子どもの意見の方が正しい場合、素直に謝ることはできますか？ つい、親の威厳や大人のプライドなどから、

「子どもは黙って親の言うことを聞いていればいいんだ！」などと強い口調で言ってしまい、子どもの口を封じてしまったことはありませんか？

こうした態度は、親子関係に修復しがたい決裂をもたらします。子どもは「どうせ親はわかってくれない」、「親は否定しかしないから」などと不信感を募らせます。

相手が子どもではなく大人であれば、「申し訳ありません」と自然に口にできますよね。相手が子どもだと謝罪できないというのは、なんだかおかしな話です。

相手は「子ども」ではなく、「未熟な大人」と捉えて接してみてください。未熟な部分はあるけれど、自分と対等な人間だと考えていれば、子どもの意見を尊重したり、間違えたときは素直に謝ったりすることができるはずです。

では、実際に子どもとコミュニケーションをとる際に使える具体的なテクニックをご紹介します。どれも簡単なものですから、気負わずに試してみてください。

使う言葉はシンプルに、表情よく

「メラビアンの法則」をご存じでしょうか？　１９７１年にカリフォルニア大学ロ

サンゼルス校の心理学名誉教授であったアルバート・メラビアンによって発表されたコミュニケーションにおける心理学の法則のことです。

メラビアンの法則によると、コミュニケーションにおいて相手に影響を与える割合は、視覚情報55％、聴覚情報38％、言語情報7％といわれています（図3-2）。この割合を見ると、言語情報、すなわち、発言内容そのものは、相手に7％しか影響を与えないという事実に驚きます。

ただ、必ずしも発言内容の影響がわずかだというわけではなく、話をするときは「表情やジェスチャー、姿勢や動作などの視覚情報、話すスピードや声の強弱、抑揚などの聴覚情報、すなわちノンバーバルコミュニケーション（非言語コミュニケーション）が大切だ」と理解いただくとよいかと思います。

つまり、「何を話すか」も大切ですが、「どのように伝えるか」を意識するのが大事だということです。例えば、「どうしたいの？」という言葉も、穏やかな表情で問いかけるときと、イライラした様子で問い詰めるのとでは、受け手の印象は全く変わってきます。

最も近い間柄である親子ですから、親しみを込めてざっくばらんな会話になるのは当たり前でしょう。でも、親子であっても相手は自分とは別人格の人間です。子どもの顔を見ずに話をしたり、イライラした態度で話を遮ったりしては、子どももイラッとくるでしょう。

　時間に余裕がなかったり、仕事などで疲れがたまっていたりして子どもの話を聞くのに十分な態勢がとれない場合は、「今は疲れているから、また別のときに改めて聞くね」と伝えることで親の大変さを知ることにもなります。

　思いを伝えているのは、言葉

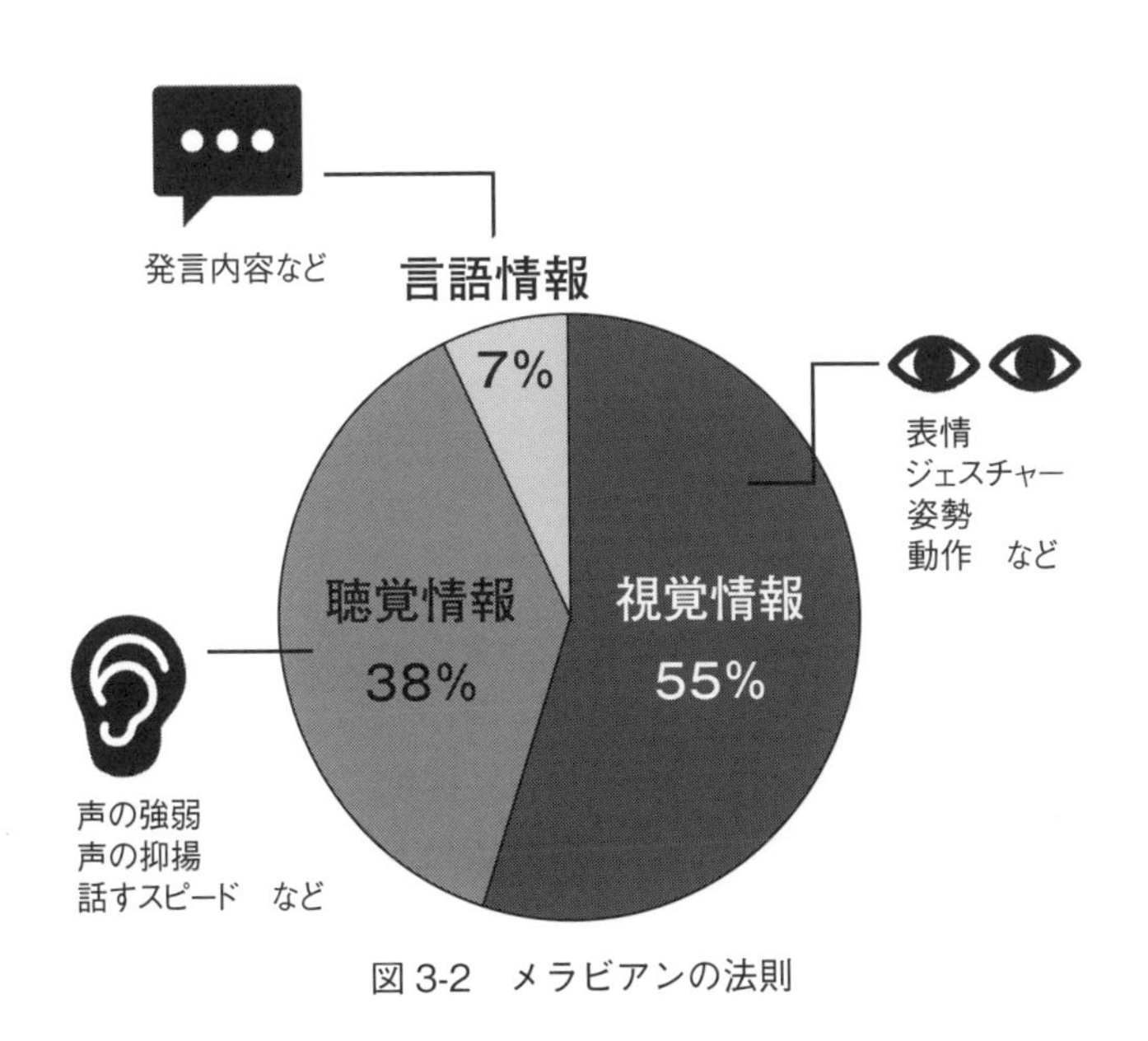

図 3-2　メラビアンの法則

だけではないということです。お互いの勘違い（解釈間違い）が生じないように、シンプルな言葉を使い、ノンバーバルコミュニケーションを意識しながら会話してみましょう。

会話は「Ｉメッセージ」で話す

「勉強したの？」
「『手伝って』って言ってるでしょう！」
「やるって言ったのに、やってないじゃない！ なんでお母さんの言うことが聞けないの？ スマホばかり触ってないで、勉強しなさいと言っているでしょう！」

あなたのご家庭では、こんなやり取りが繰り広げられていませんか？「毎日です」という声が聞こえてきそうですね。

さて、親から発せられた「勉強したの？」や「やるって言ったのに、やってないじゃない！」などのセリフ。これは、「（あなたは）勉強したの？」、「（あなたは）やるって言ったのに、（あなたは）やってないじゃない！」ということであり、「あなた＝ＹＯＵ」が主語のメッセージです。

これは「ＹＯＵ」を主語にして「あなたのため」と言いつつも、実は、親自身の感情・願望・要望を表現していることにお気づきでしょうか。言われる側からすると、自分事として認識しづらいのが実情です。

この「ＹＯＵメッセージ」に対するものとして、「Ｉメッセージ」というものがあります。「Ｉ＝私」ですから、「私」を主語にした声掛けです。先ほどの会話を、「Ｉメッセージ」に変えて考えてみましょう。

「勉強を頑張っている○○の姿を見れば、仕事で疲れているけど、お母さんも頑張ろうって思えるよ」
「手伝ってくれると、お母さん、うれしいな」
「次のテストまでにどうやって勉強するのか、計画を教えてくれると、私も安心するな」

いかがでしょうか。受け手はどちらの方が気分よく行動に移すことができるでしょうか。

「ＹＯＵメッセージ」は、発言者が「自分の言っていることが正しいから従いなさい」と指図しているような印象を与え、相手を責めるニュアンスが強調されます。受け手は「自分には自分の事情があるのに」と不満に思ったり、反発したりするかもしれません。

一方「Ｉメッセージ」は、自分（Ｉ）を主語にすることで、あくまで自身の感情・考えを伝えるものです。命令したり指図したりする印象を与えないため、相手も受け入れやすくなります。

もちろん、すべての会話を「Ｉメッセージ」に変えるのは難しいですし、その必要もありませんが、子どもとの会話には意識して取り入れてみてください。子どもの反応の変化にも気づくと思います。

リフレーミングを活用する

「リフレーミング」という言葉があります。リフレーミングとは、「問題になっている状況を違う視点から見て、枠組みから捉え方を変える」コミュニケーションスキルのことです。

目の前で起きている事象は同じなのに、人によって全く違う捉え方をすることがありますよね。これを活用し、自分の思考の枠組みを変えるのです。

リフレーミングにおける有名な事例は「コップの水が半分入っている状態をどのように見るか」でしょう。半分のところまで水が入ったコップを見て、「あと半分しか残っていない」と捉えることもできるし、「まだ半分も残っている」と捉えることもできます。

「あと半分しか残っていない」と捉えると、失うことに対する恐れを感じますが、「まだ半分も残っている」と捉えると、まだまだ残っていると、余裕すら感じます。

こうした異なる視点からの捉え方には、ほかにも次のようなものが考えられます。

・家族旅行の日が雨のとき

「せっかくの旅行が雨で台無し……」

「想定していなかった出会いや楽しみがあるかもしれない」

・家事が忙しく大変なとき

「掃除や洗濯が大変でうんざりする」

「家族が元気に活動している証拠だ」

・子どもが反抗的な態度をとる

「親の言うことを聞かなくてイライラする」

「子どもが自己主張をしている証拠であり、自己を育てている最中なんだ」

もちろん、すべての事象をポジティブに捉えることが最善とは限らないので、常にリフレーミングを意識しなければならないわけではありません。でも、ついネガティブな方向にばかり考えてしまう場合は、リフレーミングを活用しつつ、時にはそんな自分を許し受け入れることがあってもよいかもしれません。

子どもに対する声掛けも、「部活で疲れたでしょう？」でも構いませんが、「部活、頑張ったね」や「部活に全力で取り組んだね」などに変えてみると、子どもも頑張りを認められて、うれしいものですし、もうひと頑張りする意欲もわきます。

そして、リフレーミングを「適度に」使うことにより、自分の意図を子ども（相手）に伝えやすくなり、困難やストレスを克服しやすくなるとともに、新たな視点でモノを見ることができるようにもなります。試してみてください。

「できない理由」より「できる方法」を一緒に考える

「時間がない」、「やったことがない」、「疲れてる」、「そのうちやる」など、私たちはつい、できない理由を探したり、できないことを正当化したりしがちです。

でも、できない言い訳ばかりしていては、「どうすればできるか？」を考える経験が不足し、創意工夫をする力が伸びません。必要なのは、「考える訓練」です。子どもができない理由を口にしたときは、その理由を分解し、本当に不可能なのかを一緒に考えてみてください。

「時間がないのはなぜだろう？ 1時間はとれなくても、15分ならつくれるよね」、「毎日寝るまでの時間に何をしているのか、考えてみようか」、「やったことがないのは当たり前。でも、勇気を出して取り組んでみたら、良いことが起こるかもしれないね」、「確かに疲れる日もあるけど、毎日じゃないよね」――このように子どもの気持ちを受け止めつつ、できる方法を一緒に探ってみてください。

親が心掛けたいのは、「正解を教える（指示命令）」ではなく「考え方を教える（まずは自分で考えさせて、できる方法を一緒に考える）」です。例えるなら、「魚を与えるのではなく、魚の釣り方を教える」ですね。こういった手間が、子どもの成長・自立につながっていくことでしょう。

また「頑張る」などの意気込みだけで終わらせず、「具体的にどのように行動するか」まで考えるように誘導してあげてください。最初から完璧を求めないで、低いハードルから始めるのがコツです。

子どもにも大人にも効く「３択作戦」松竹梅の法則

簡単な会話、例えば「今日の夕飯、何を食べたい?」と聞いたとき、「うーん、どうしようかな」、「何でもいいよ」と言われ、話が進まずイラッとくることって、ありますよね。

実は、人はゼロベースから物を考えるのが面倒くさく、あまり得意ではありません。何か指標となるものがあった方が、考えはまとまりやすいものです。

そこで、効果を発揮するのが選択肢を提示することです。「何を食べたい?」ではなく、「ラーメン、カレー、野菜炒めのうち、どれがいい?」という聞き方です。すると、３つの中から選ぼうとします。もし３つすべてが気に入らないとしたら、自分の意見を考えるでしょう。もしかしたら「外食しようよ」と言うかもしれません。３択というのは実に便利です。これは普段の生活でも感じることができます。

ここで質問です。あなたはレストランに入り、「松コース５０００円」、「竹コース

3000円」、「梅コース2000円」があった場合、どれを選びますか？　もちろんお財布との相談にもよりますが、多くの人はなんとなく「梅コースはしょぼいし、松コースは高すぎるし……」などと考えて、「竹コース3000円」を選ぶのではないでしょうか。多くの人は「真ん中」を選ぶ傾向にあることが、これまでの各種研究で実証されています。これは家電でも宿でも、高級・スタンダード・激安の3つのラインナップで実感することができるでしょう。

この「松竹梅の法則」と呼ばれる法則は、伝え方・表現方法を変えるだけで、与える印象や捉え方が変わるという心理現象を利用した1つの方法です。与える印象や捉え方が変われば、意思決定にも大きな影響を及ぼすようになります。

この法則は、スマホルールでも使えます。例えば、親であるあなたは「土日の使用時間は5時間までは許容できる」と考えているとしましょう。

ここで選択肢を与えず、「土日の使用は5時間にしようか？」と子どもに伝えると、子どもは、この「5時間」を指標として考えてしまいます。「もう少し使いたい」と思えば、「5時間じゃ足りないよ。8時間、せめて7時間！」となり、話し合いが決裂する可能性が高くなります。

しかし、「土日の使用時間は３時間・４時間・５時間のどれにする？」と、３択で提案してみてください。自ら進んで一番少ない３時間を選ぶ子どもはほとんどいないと思います。しかし、この３時間という数字も指標の1つとなります。「5時間は使いたいけど、３時間とも言われているから……間を取って4時間かな」などと頭を働かせ、結果的に親が考える許容範囲内で落ち着く可能性がグッと高まるというわけです。

ポイントは「選択肢は与えるが、決定権は本人に持たせる」ことです。あくまで自分で決めているので、そこに責任が伴います。

ただし、極端な3択は無意味なので注意してください。例えば、すでに1日に8時間スマホを使用している子どもに、いきなり「30分・1時間・1時間半のどれがいい？」と尋ねたところで、どれも選ばないことでしょう。

話が進まないときの方法の1つとして、3択を活用。3択の中には「これは選ばないだろう」という候補を含める。ぜひ、試してみてください。

会話を通じて子どもにどのようになってほしいのかを考える

「Iメッセージ」を取り入れたからと言って、すぐに効果が見られるわけではありません。相手はあなたと同じ感情のある人間ですから、はじめのうちは「急にどうしたの？」と警戒するかもしれません。

私たちは子育ての仕方を習ってから親になったわけではありません。知っていることといえば、自分が親から育てられた方法でしょう。自分が親から受けた子育てを参考にすることによって、子育ての負の連鎖が起きやすいのも実情です。

つい「YOUメッセージ」ばかりを発していたり、イライラしたトゲのある態度をとっているならば、「このやり方で自分の要望が叶うかどうか」を考えてみましょう。

また、もし学生時代のあなたが親からそうした態度をとられたとしたら、あなたは親から言われたとおりに心の底から素直に行動したでしょうか？　そうやって改めて考えてみると、子どもへの接し方をほかの方法にした方が自分の要望・願望の達成への近道だと思い至るかもしれません。

忙しいときや疲れているときほど、指示命令に近い「ＹＯＵメッセージ」の方が情報伝達手段としては楽です。また、家族であるからこそ、疲れたり不機嫌だったりしたときに、表情や口調などにそうした感情が表れてしまうものです。

でも、それでは相手は動かせません。あなたは日々の子育て、仕事と本当に大変なことでしょう。しかし、子どもへの接し方を変えることで、親子関係の悩みは確実に良い方向へと変わります。ぜひ、自分が言いやすい言葉だけではなく、相手が受け取りやすい言葉、相手が行動に移しやすい態度を心掛けてみてください。なかなかうまくいかなくても大丈夫。「自覚」していれば、変わることもできます。

第4章
スマホルールのつくり方・守り方

1 ルールづくりの前の注意点

スマホ利用時間を確認する

本章では、家庭の状況に合わせたルールのつくり方とともに、つくったルールをいかにして守るかについても考えていきます。ルールはつくったら終わりではなく、それを守っていくことが、何よりも大事だからです。

具体的なルールを考える前に、いくつか確認しておくべきことがあります。最初に確認するのは、現状のスマホ利用時間です。

すでに子どもがスマホを利用している場合は子どものスマホを、まだ子どもにスマホを与えていない場合は、参考として、親であるあなたのスマホの利用時間を確認してみてください。初めて自分のスマホ利用時間を見る方は、その利用時間に驚くかもしれません。

確認方法は、機種やバージョンによって若干異なりますが、おおむね次の方法で確認が可能です。画面が違う場合は、「スクリーンタイム表示」で検索してみてください。

● iPhoneの場合

「設定」－「スクリーンタイム」の順にタップして確認できます。さらに詳しく知るには、「すべてのアクティビティを確認する」をタップすると、アプリごとの利用時間も知ることができます。

● Androidの場合

「設定」－「アプリ」－「利用時間」の順でタップすると、「ダッシュボード」という表示で、総利用時間やアプリごとの利用時間が表示されます。

スマホの利用状況は定期的に確認することをおすすめします。親がチェックすると認識させること自体がルール違反の抑止力にもなります。また、利用状況を確認したら123ページで紹介した帯グラフなどに記入して視覚化しましょう。

ペアレンタルコントロールを確認する

ペアレンタルコントロールとは、子どもが安全にインターネットを利用するための機能です。親がリモートで子どものスマホを管理し、アプリの制御やコンテンツフィルター、時間制限などを設定することができます。

代表的なものに、docomo・au・Softbankなどが提供している「安心フィルター」があります。ほかにも、iPhoneなどのApple製の端末では、スクリーンタイムを使って管理を行う「ファミリー共有」、Googleのアカウントを持っていれば使用できる「Googleファミリーリンク」などがあります。

これらは、親子で同じ端末を使用していなくても設定可能なものもあります。つまり、親はiPhone、子どもはAndroidといった場合でも、「Googleファミリーリンク」を使用することで、制限設定をすることが可能になるのです。

これらの設定の仕方は、Googleなどでネット検索をすると詳しいサイトが見つかるので、参考にしてください。

ただし、注意したいのは、どのペアレンタルコントロールを使ったとしても、その時々で抜け道が必ず存在するということです。もちろん、サービスを提供する各社も対策していますが、日々新しい抜け道が生み出され、まるで、いたちごっこのような状態です。検索能力の高い子どもの場合、簡単に抜け道を見つけ出し、自分で設定してしまうでしょう。中には「どうせ母親にはわからないし」と、得意げに話す子どももいます。

ルールをつくる際は、抜け道が存在することを前提とする。最も確実な利用制限は、「時間になったら親が預かる」と「実際に目で見て確認する」であることを念頭に置いて、あらかじめルールに盛り込んでおくことをおすすめします。

「親から制限されている」は最大の言い訳になる

ＳＮＳによる友達付き合いは楽しい一方、子どもたちは意外にも、プレッシャーにさらされています。例えば、「すぐにLINEの返事をしなければ」、「ＳＮＳの更新をチェックしなければ」などと、常に緊張感を持っている面もあるのです。

子どもだって、スマホを置いて本を読みたいときもあれば、家族と話をしたいときもあります。しかし、グループチャットでの会話やオンラインゲームでのやり取りの中で素早く反応しないと、「お前、付き合いが悪いな」と言われてしまうことに悩んでいるケースもあります。

そのときのキラーワードとなるのが、「親に制限されているから」です。主語を「自分」ではなく、「親」にしてしまうことで、相手から責められることなく言い訳ができます。親に制限をかけられている以上、さすがに相手もそれ以上のことは言えないでしょう。最強の言い訳は「親にスマホを取り上げられる」です。そうなると、相手も手出しできません。

この言い訳は、定期テスト前に絶大な効果を発揮します。子ども本人が「次回のテストでは○位以内を目指して頑張ろう！」などとやる気を出し、テスト前は18時にはスマホをオフにして勉強に励むこともあるかもしれません。

しかし、そんな様子を見て、「なにガリ勉してるんだよ？」などとひやかす友達もいるかもしれません。こうしたときに「親に『勉強しろ』と言われて、18時になったらスマホを取り上げられちゃうんだよ」などと伝えればよいのです。

本来は楽しいコミュニケーションツールであるはずのＳＮＳが、実は子どもたちに大きなプレッシャーを与え、抜け出せない環境を生み出している実態もあります。スマホを手にした以上、こうしたトラブルに関わってしまう可能性が十分あることを理解したうえで、トラブルの回避方法を子どもに教えてあげましょう。

つくったルールは視覚化する

子どもと話し合ってルールを決めたら一安心、というわけにはいきません。なぜなら、人は忘れる生きものだからです。

私は人から聞いたことを一度で覚えることができません。あなたはいかがでしょうか？　勉強や仕事だって、初めて聞いたこと、習ったことを、１回聞いただけで覚えるのは難しいですよね。スマホルールも同じです。せっかくルールをつくっても、数日もしないうちに忘れてしまう可能性があります。

そこで大事なのが、ルールの視覚化です。つまり、ルールを紙に書き記し、家族が目に入る場所に貼っておくことです。

貼る場所は、冷蔵庫でもトイレでも、どこでも構いません。ルールをカメラで撮って、スマホの待ち受け画面に表示させておくのも方法の1つです。

この視覚化の目的は、普段の生活の中でルールを再確認することです。ルールを決めても、それを意識しながら生活できなければ、忘れてしまいます。それではルールが存在していないも同然です。

「約束事を守る」を徹底するためにも、日常的に視界に入る場所にルールを貼っておき、「親子で話し合って決めたルールが存在すること」、「自分はそのルールを守らなければならないこと」を意識して生活させるようにしましょう。

盛り込みたいルール

【ルール1】新しくアプリを入れるときは親の許可を得る

スマホで利用できるアプリには膨大な種類があり、日々新しいアプリがリリースされています。子どもたちの情報収集力は非常に高く、口コミで瞬く間に評価が広がるため、「新しいアプリを入れたい」と言われることも多いと思います。

どのアプリもアプリ自体が悪いわけではありませんが、使い方によっては、悪意を持って子どもを狙う大人により、危険に身を投じることになりかねません。子どもが親の許可なく勝手にアプリをダウンロードできないように、制限をかけておく必要があります。

例えば、97ページで取り上げた「パラレル」や「Discord」といった通話アプリは、大人の間では一般的ではありません。あなたも、通話アプリといえばLINEやFacebookメッセンジャーくらいしか使わないのではないでしょうか。

今後仕様が変わる可能性もありますが、LINE通話などは電話番号との紐づけが必要となるため、基本的には1人1アカウントしか取得できません。

しかし、通話アプリの中には、簡単な方法でアカウント作成ができてしまい、友達申請をして承認されれば通話ができるものもあります。素性の知れない相手と簡単につながることができて、通話を通じて仲良くなり、相手から呼び出されて会うことになってトラブルに巻き込まれるといった可能性も考えられます。

子どもが新しくアプリを入れたいと言ってきたときは、「何に使うのか」、「何が目的なのか」をきちんと確認するとともに、あなた自身も調べるクセをつけましょう。子どもの言ったことを鵜呑みにするのではなく、それがどういったアプリで、どのような使い方ができるのか、制限時間はどうするかなどを確実に押さえてから、ダウンロードを許可するのがいいでしょう。そのひと手間が、後々大きな違いになります。

【ルール２】夜は親がスマホを預かる

子どもにとって睡眠は欠かすことができない大事なものです。74ページで紹介した「いかに寝室にスマホを持ち込ませないか」のとおり、スマホ使用による睡眠不足を避けるためにも、夜間は利用制限をしたうえで親がスマホ本体を預かり、物理的に触ることができない状態にしてしまうことをおすすめします。

例えば「夜はスマホに触らない」といったルールを定めていても、眠れないと、ついスマホを触ってしまうこともあるかもしれません。また、LINEなどの通知が鳴ると目を覚ましてしまい、睡眠の質が下がってしまいます。

実際にあった例を２つ紹介しましょう。

ケース①　寝たフリをしてスマホを使用

あるご家庭では、アプリの使用時間は制限していなかったものの、「夜はリビングに置いておく」というルールを決めていました。

子どもはリビングにスマホを置いて寝るフリをして、親が眠りにつくとこっそり部屋を抜け出し、スマホを持って自室へ。そして夜間もゲームで遊び、親が起床する前にリビングにスマホを戻し、自室に戻って寝る……という生活を送っていました。

当然、子どもは寝不足になり、学校でも塾でも居眠りばかり。日中の生活に支障が出るようになりました。「ルールを決めて、夜もちゃんと寝ているはずなのに、なぜ寝不足になっているの？」というところから、本人の聞き取りを経て、夜間の使用が発覚したのです。

ケース②　親が確認できない状況に甘えて……

夜はリビングに置くというルールだけをつくっていた、中高生の兄弟がいるご家庭のケース。

共働きのご家庭で、お母さんは朝は早起きして上の子のお弁当づくり。日中は仕事で忙しくしていました。そのため、夜になると疲れてしまい、下の子（中学生の子ども）よりも早く就寝する毎日でした。

結果、下の子がリビングにスマホを置いたかどうかを確認できない状態が続き、その状況に味をしめ、深夜までオンラインゲーム三昧……。

スマホのルールづくりは、子どもが健全にスマホを使用するための第一歩です。そして、そのルールを維持継続できるかどうかがカギとなります。その意味で、ケース①②ともに、親が確実に確認できるルールをつくる必要がありました。

最も確実なのが、夜は親がスマホ本体を預かってしまうことです。アプリの使用制限をしたうえで、「22時に親に預ける」などのルールを決め、73ページの睡眠指針にもあるとおり、夜は子どもからスマホを物理的に離してしまうのが一番シンプルです。

しかし、親の仕事の都合などで預かることが難しい場合は、「タイムロッキングコンテナ」や「スマホロックボックス」のような管理ボックスを使うのも、１つの方法です。これらは、中に物を入れてロックすると、「○時間後にならないと開けることができない」という設定が可能です。こうした商品も、うまく活用してみてください。

【ルール３】アプリごとに使用制限時間を決める

スマホの使用は朝７時から夜22時まで、などと使用可能時間帯を設定するだけでなく、アプリごとの使用時間の設定もできれば行いたいところです。なぜなら、特定のアプリにのめり込み、それに依存するリスクを回避するためです。

特に注意したいのが、動画・映像・配信アプリです。YouTube・TVerなどは、大人でもついダラダラと視聴してしまいますよね。また、YouTubeライブ、Instagramライブ、Mirrativといった配信アプリ（ライブストリーミングアプリ）なども同様です。

ただ、例えばYouTube動画は、YouTubeアプリを使わなくてもブラウザ（代表的なのはiPhoneのSafari・GoogleのGoogle Chrome）からも見ることができます。つまり、YouTubeアプリの制限時間を設定しても、ブラウザの制限をしていなければ見続けることが可能です。

また、LINE・Instagram・X（旧Twitter）・TikTokに代表されるSNS、LINE、パラレル、Discordなどの通話アプリも使用時間が長くなりがちです。

このほか、親が許可をした場合であっても、課金が必要な有料のアプリにも気をつけたいところです。

それぞれどういった目的のアプリなのかを理解したうえで、考えられるリスクを挙げて子どもと話し合い、使用時間を設定しましょう。

ただし、使用制限時間を設定しさえすれば安心というわけではありません。子どもの検索能力・情報収集力を甘く見ることはできません。確実なのは、抜き打ちで構わないので、親が目で見て確認することや、親がスマホを預かることだと理解しておきましょう。

例外もあらかじめ考慮しておく

きっちりとルールをつくることも大事ですが、どんな場合でも例外は生じるものです。完璧主義を目指すと、それを維持するのが難しくなります。

どんなご家庭でも「今日は特別」という言葉を使ったことがあると思います。例えば、小学校低学年の頃。毎日20時には寝る約束をしていたけれど、「今日は誕生日だから特別よ」と言って、もう少し遅くまで起きているのを許したことはありませんか？　もしくは、門限を18時に定めている中学生に対して、「友達とディズニーランドに行く日だから、今日だけ特別だよ」と言って、もう少し遅い帰宅を許可したことは？

スマホルールも同様です。いくらアプリごとに時間設定をしても、「今日は特別なイベントがある日だから、どうしても使用時間を超えて使いたいんだ。お母さん、お願い！　使わせて！」といったおねだりをされる日もあるでしょう。

「今日は特別」と言って条件のない制限解除を行ってしまうと、子どもはさらに特別感を欲して要求がエスカレートしていきます。そしてそのうち、ルールがなし崩し的に崩壊してしまうおそれがあります。

そうならないためにも、あらかじめ例外対応が発生することも頭に置いてルールをつくっておきたいところです。例えば、基本ルールとして「1日のスマホ使用時間は1時間まで」、「各アプリの使用時間は30分まで」と定めているとします。例外が発生した場合は、「特別に各アプリの使用時間を1時間まで延長することができる。ただし、1日のスマホ使用時間は変更しない」などとしておく。

具体的な例を挙げて考えてみましょう。ゲームアプリAの使用時間を30分、スマホ自体の使用時間はトータルで1時間と設定していたとします。子どもから使用時間の延長を求められた場合、スマホ使用時間の1時間は据え置いたまま、その日だけ、ゲームアプリAの使用上限を30分から1時間に変更します。

こうすると、「スマホの使用時間＝ゲームアプリAの使用時間」となるので、その日はほかのアプリを使うことはできません。もし、子どもがゲームアプリで1時間遊んだ後で「友達から部活の連絡があるから、LINEを使わせて！」と言われたとしても、却下します。つまり、最初からそうしたことを加味したうえで、ゲームアプリの利用は50分にして10分間の予備を残すといった使い方を学ぶこともできます。いわゆる時間管理です。

このように、基本ルールは基本ルールとして定め、例外にはどう対応するかを事前に話し合って設定しておきましょう。

【ルール４】勉強をするときは別の部屋、または通知オフ

人は動くものに対して反応する習性があります。これは、敵から身を守り生き残るために、あるいは獲物を捕獲するため、「動き」に対して反応する人間の本能的な習性といっていいでしょう。

この習性は、スマホでも感じることができます。それは、通知機能です。

集中して勉強や仕事をしていても、真っ暗だったスマホの画面が突然光り、通知が届くと気になってしまい、無視することができませんよね。ゾーンと呼ばれるほどの超集中状態であるならば違うかもしれませんが、通常は「何だろう?」と気になって、スマホを触ってしまうものです。

シカゴ大学の研究グループの発表によると、スマホが机の上に置いてあるだけで、10％以上、脳機能が低下したという結果があるそうです。ポケットやカバンの中に入れておいた場合でも、同様に脳機能の低下が見られたといいます。

つまり、スマホが近くにあるというだけで意識がとられ、脳機能を使ってしまっているということです。学習効率が落ちるというのもうなずけます。

そこで、スマホの誘惑に負けずに集中して勉強に取り組むためにも、勉強中は通知オフを約束しましょう。操作はいたって簡単で、スマホを「機内モード」に設定するだけです。もしくは、電源を切るか、視界の範囲内にスマホを置かない。できれば別の部屋に置くのが望ましいです。

【ルール５】勉強のルールはハードルを低く設定する

スマホのルールを決めるとき、「いい機会だから、一緒に勉強のルールも盛り込もう」と考える方が多いようです。

勉強のルールについて、塾長の立場から1つアドバイスをさせてください。それは、ハードルは低く設定するということ。ハードルを高くすればするほど、ルールを守るのは難しくなっていきます。

また、よく盛り込まれがちなルールが、「毎日19時から20時まで勉強する」といったものです。特に問題なさそうに思えるかもしれませんが、これは実は守り続けるのが難しいルールなのです。

健康でやる気がある日は取り組めることでしょう。でも、学校行事、部活の試合や遠征で帰宅が遅くなった日、病気で体調がすぐれない日、外食した日など、普段の生活とは違うことが起きたとき、簡単に破綻してしまいます。

大事なことは、「毎日勉強する」という行動です。目的は「勉強すること」であって、「19時から勉強すること」ではありません。行動にフォーカスすることで、ハードルはぐっと下がり、実行しやすくなります。

どんなに疲れていても、調子が悪くても、10分でも5分でも構わないので毎日取り組む。どんなときでも、ほんの少しでも行動の実績をつくり、これを繰り返すことで「習慣化」のベースができあがります。

逆に、やらない日があると、1日目は「休調悪いからやらない」、2日目は「まだ完全じゃないからやらない」というように、やらない理由を考えるようになります。そして、3日目には理由すら考えなくなります。3日坊主とはよく言ったものです。

勉強の習慣化を意識する

勉強のルールづくりで意識したいのが習慣化、つまり「毎日やる」ということです。私は生徒に、勉強習慣をつける方法として、「今ある習慣の前後に勉強時間を設定する」ことを奨励しています。

起きる、寝る、食事、登校・下校、歯を磨く、お風呂に入る、着替えるなど、私たちにはすでに習慣化された行動があります。こうした日常生活における習慣を活用するのです。

例えば歯磨き。「今日はピカピカにするぞ！」と毎日気合いを入れて行うことは、あまりないでしょう。その当たり前に行っている習慣の前後に勉強時間を組み込むことで、すんなりと行動に移すことができます。

例えば、前述した「毎日19時から20時まで勉強する」は、「夕食後1時間勉強する」という言い方にします。こうすると、時間での区切りで行動するよりも、簡単に実行に移すことができます。予定していたよりも帰宅が遅くなったときや体調不良の日など、1時間の学習を行うことが難しい場合は、10分だけでも構いません。

繰り返しますが、意識したいのは「習慣化」。ほんの少しでも構わないので、「やった」という行動の実績を積み重ねることで習慣をつくることができます。

【ルール6】ルールを破ったときは毅然とした対応で罰を！

子どもがスマホのルールを破った場合、どう対応するのがよいでしょうか。これはとても大切なことなので、169～173ページに紹介する「スマホルールのテンプレート」でも載せています。

せっかく親子の認識をすり合わせてルールをつくっても、ルール違反をしたら親の物差しで厳しい罰を与えがちです。自分が悪いのに、ふてくされる子どももいるでしょう。そこで、ルールをつくったときと同様に、ルールを破ったときの対応についても、事前に子どもと話し合って決めておきましょう。

反省を促すために「スマホを取り上げる」というのも、1つの手です。そして「何のためにスマホを取り上げるのか」を決めて取り上げることは、約束は守るものという躾をすることにもなり、一石二鳥です。

なお、気をつけたいのは、ルールなき強硬手段に出ることです。例えば、頭に血が上り、子どもから無理やりスマホを没収したうえに破壊してしまうなど。私も幼い頃、今や懐かしい「ファミコン」で遊んでいたとき、目の前でファミコンのカセットを破壊された経験があります。

こうした強引な態度は、子どもに対して、「言うことを聞かないときは、暴力的手段に訴えても構わない」という教育を行っているようなものです。親にそんな意図はなくても、子どもからすれば、力に訴えることを肯定されたも同然です。学校や家庭で別のトラブルがあったとき、子どももまた、暴力的手段をとる可能性が生まれます。

一方で、ルールを破ってても全くおとがめなしであるならば、そのルールはないも同然。毅然とした態度で、決めていたルールにのっとって、罰を与えましょう。

だからこそ、実現不可能な罰を用意するのはやめましょう。例えば「ルールを守れなかったらスマホを取り上げて、一生渡さない」という罰を用意したとします。でも、それは現実的な罰でしょうか？　そうした極端な罰ではなく、例えば「ルールを破ったら1週間親がスマホを預かり、その後2週間はすべての使用時間を半分にする」などが現実的ではないでしょうか。

ルールをつくる際に、あらかじめ「ルールを破ったときはどうするか」を決めておけば、子どもも納得し、受け入れざるを得ません。守るためのルールですが、こうしたことも見越して、子どもが破ることも視野に入れてルールを決めましょう。

【ルール7】あえて「スマホを使えない日」をつくる

これは絶対に入れるべき項目ではありません。しかし、子どもが低学年であればあるほど、入れておきたい項目です。

というのも、スマホは、依存性のある道具です。低学年であればあるほど、子どもにとっては楽しい遊び道具となります。気づいたときには、いつもスマホが近くにないと不安な状態に陥る可能性もあります。

だからこそ、定期的にスマホと距離を置く日を設け、それをルールに定めて習慣化してしまう。例えば「毎週水曜日はスマホお休みの日」などと決めておくと、それが習慣化され、当たり前になっていきます。

ただし、繰り返しお伝えしているように、ルールは親子で話し合って決めるもの。「スマホを使えない日」を親が無理につくる必要はありません。

親の物差しで、子どもの気持ちを置いてけぼりにしてルールを決めてしまうと、子どもはルールを守らなくなります。なし崩し的にルールが崩れ、維持することができなくなるので、避けましょう。

スマホルールのテンプレート

前節では、スマホルールに盛り込みたい項目について考えてきました。とはいえ、「何か参考になるものはないの？」と思うかもしれませんね。そこで、「スマホ（デジタルデバイス）使用の約束（例）」の簡易版とフルバージョン、そして「お母さん（お父さん）の気持ち（例）」の3つを紹介します。

ここで挙げたテンプレートは、細かい項目まで載せてある全部入りです。これらは1つの例であり、すべてのルールを盛り込む必要はありません。それぞれの項目を確認し、我が子にはどういったトラブルや危険が考えられるかを、まずは親であるあなたが思い巡らせてみてください。

そのうえで、子どもと一緒に話し合い、双方の理解を得て、具体的な項目を検討しましょう。テンプレートの項目をご家庭に応じて取捨選択したり、逆に、独自に約束を付け足したりしてください。

なお、カッコ書きしてある時間や日数は一例です。親子で話し合って決めましょう。

また、「お母さん（お父さん）の気持ち（例）」に記載の番号は、「スマホ（デジタルデバイス）使用の約束（例）」と連動しています。このような気持ちでルールを決めるという参考にして、子どもに話してあげてください。

スマホルールは、親の勝手な考えを押しつけているのではなく、犯罪に巻き込まれるのを防ぐなどの理由があることも、子どもに理解させる必要があります。それぞれの項目にある約束を破った場合にはどんなリスクが考えられるかについては、第2章を読んで教えてあげましょう。

また、スマホの危険性を含めて話をするときは、「スマホ（デジタルデバイス）使用の約束（例）」のフルバージョン（170ページ）で、日常生活では簡易版（169ページ）をベースにすると、実用的で使いやすいかもしれません。

ここで紹介したテンプレートのPDFファイルは、読者特典でダウンロードいただけます。詳しくは巻末ページをご確認ください。

［　］の中は一例です。親子の話し合いで決めましょう。　**簡易版**

スマホ（デジタルデバイス）使用の約束（例）

デジタルデバイスとは、インターネットにつながるスマホ・パソコン・タブレットやゲーム機のことです。

1：約束「ルール」はいろいろなところで使われていて、「守るため」にあります
2：少しでもどうしようか困ったときには、必ず相談してね。子どもには難しいこともあります
3：1 日の最大使用時間は、学校のある日：[1 時間]・休日：[4 時間] まで
4：定期テスト前［2 週間前］は、[約束 3 の半分の時間］まで
5：使用時間は、[朝 9 時]～[夜 9 時] まで。1 日の終わりには必ず［手渡し］をする
6：もし、お母さん・お父さんが家に帰っていないときは、電源を切って［お母さんの部屋］に置く
7：ご飯やお風呂、家族で何かするときは、[廊下の台の上］に置いて、使わない
8：SNSや掲示板には、名前・年齢・性別・住所といった個人情報を書かない
9：人の嫌がること・自分が嫌だと思うことは書かない・投稿しない
10：ネット上で知り合った友達とは会わない。「どうしても！」というときは親に相談をする
11：スクリーンタイムなど、言われたときは素直に使用状況の確認をさせること
12：使用状況の確認のため、親に渡すときは、嫌な顔をしない
13：この約束は家族全員の目につく場所に貼る
14：約束を破った場合は、スマホは［1 週間］親が手元で管理。その後［2 週間］はすべての使用時間を半分以下にします。その決定に文句を言わせません

名前（貸与者：　親　）：＿＿＿＿＿＿＿＿＿＿＿＿

名前（借用者：子ども）：＿＿＿＿＿＿＿＿＿＿＿＿

フルバージョン

17：どんな理由でも、部屋の中・下着姿・裸の写真は撮らない・送らない
18：家や学校の近くで撮った写真をアップしない
19：知らない人とLINEの交換をしない
20：ネット上で知り合った友達に自分のことを話しすぎない
21：ネット上で知り合った友達とは会わない。「どうしても！」というときは親に相談をする
22：勝手に課金をしない。どうしてもしたい場合は相談する
23：ネット上には人をだます詐欺がたくさんあります。これなんだろう？ と思ったら相談する
24：ネットで物を買うとき・売るときは、必ず親に相談をする（フリマサイトも）
25：親しい友人であっても、貸し借りはしないこと
26：友達同士でも位置情報アプリ（GPS）を利用しない
27：友達同士で何かを要求されたら、「親が取り上げるって言うんだよ」と言う
28：スクリーンタイムなど、言われたときは素直に使用状況の確認をさせること
29：使用状況の確認のため、親に渡すときは、嫌な顔をしない
30：この約束は家族全員の目につく場所に貼る
31：緊急の用事とか、特別な理由があるときは、相談する。仮に許可したときは目の前で使用すること
32：約束を破った場合は、約束の内容を厳しくします
33：約束を破った場合は、スマホは［1週間］親が手元で管理。その後［2週間］はすべての使用時間を半分以下にします。その決定に文句を言わせません
34：年齢や使用状況の変化に合わせた見直しはします

名前（貸与者：　親　）：＿＿＿＿＿＿＿＿＿＿

名前（借用者：子ども）：＿＿＿＿＿＿＿＿＿＿

［　］の中は一例です。親子の話し合いで決めましょう。

スマホ（デジタルデバイス）使用の約束（例）

デジタルデバイスとは、インターネットにつながるスマホ・パソコン・タブレットやゲーム機のことです。

1：約束「ルール」はいろいろなところで使われていて、「守るため」にあります
2：少しでもどうしようか困ったときには、必ず相談してね。子どもには難しいこともあります
3：私はあなたを怒りたいのではなく心配しているので、隠し事はしないで
4：1日の最大使用時間は、学校のある日：［1時間］・休日：［4時間］まで
5：定期テスト前［2週間前］は、［約束4の半分の時間］まで
6：使用時間は、［朝9時］～［夜9時］まで。1日の終わりには必ず［手渡し］をする
7：もし、お母さん・お父さんが家に帰っていないときは、電源を切って［お母さんの部屋］に置く
8：ご飯やお風呂、家族で何かするときは、［廊下の台の上］に置いて、使わない
9：勉強中は、自分がいる部屋ではない場所にスマホを置く。勉強に使うときは家族の前で使う
10：勝手にアプリを入れない。入れたいときは相談をする
11：1つひとつのアプリを相談して、アプリごとの使用時間を設定します
12：ID・パスワードを人に教えない。親に内緒で勝手に変えない
13：設定を勝手に変えない
14：SNSや掲示板には、名前・年齢・性別・住所といった個人情報を書かない
15：人の嫌がること・自分が嫌だと思うことは書かない・投稿しない
16：言葉だけで思いを伝えるのは難しいことなので、言葉には気をつけて使う

かもしれないよ

19：優しそうに思えても、違う人はたくさんいるからね

20：グチを言うのはスッキリするけど、バラされたくなかったら！ と脅されるかも

21：誘拐・監禁・犯罪に巻き込まれてしまったら人生が終わるかもしれないよ

22：お金は無限にあるわけではないよ。払えなくても払わないといけない

23：詐欺といって、人をだまして自分が得をしようという人もいるよ

24：商品が来ないことや、チケットのように売ってはいけないものもあるよ

25：スマホは個人情報の集まりみたいなものだから、貸し借りはしないようにしよう

26：位置情報を悪用されることがあったら、犯罪に巻き込まれてしまうから気をつけようね

27：「親に禁止されていて約束破ったら使えなくなるんだよね」と言っちゃおう

28：約束はつくって終わりではないので、確認させてもらいますよ

29：嫌な顔をされるのは、私もつらいのよ

30：「人は忘れる生きもの」なので、忘れないように貼っておこうね

31：緊急連絡で使うとかあれば言ってね。でも約束時間は過ぎているのだからすぐ終わり

32：どんな約束（ルール）も、それを破れば「罪」になり、「罰」があります

33：しっかりと「反省」して、同じことのないように

34：1回決めたら終わり！ ということではありません。状況が変わったらまた話そう

名前（貸与者：　親　）：＿＿＿＿＿＿＿＿＿＿＿＿＿＿＿＿

名前（借用者：子ども）：＿＿＿＿＿＿＿＿＿＿＿＿＿＿＿＿

お母さん（お父さん）の気持ち（例）

デジタルデバイスとは、インターネットにつながるスマホ・パソコン・タブレットやゲーム機のことです。

1：世の中では、何にでもルールがあります。これぐらいならいいや！ということはないよ
2：どうしても子どもだけではどうにもならないことがあるからね
3：時には怒ってしまうこともあるかもしれないけど、あなたは私の大切な子どもです
4：利用は計画的にしましょうね。時間延長はありませんよ
5：遊びも勉強もいろいろなことにチャレンジし続けると、できるようになるよ
6：しっかりと睡眠をとれないと、体は成長しないし、イライラしやすくなるよ
7：あなたを信用しています。スクリーンタイムを見ればわかるけどね
8：食べることは成長に必要なこと。おいしくご飯を食べてほしいな
9：スマホがあるとどうしても通知が気になるからね
10：いろいろなアプリがあって、便利なアプリもあるから、一緒にうまく使おう
11：使いすぎは「依存」といって、ほかのことが手につかないことがあるからね
12：ID・パスワードは、家のカギと同じ意味だからね
13：設定を勝手に変えたら、もう約束破りと同じだよ
14：あなただけではなく、家族全員が犯罪に巻き込まれる可能性が非常に高くなってしまうよ
15：嫌なこと……されたくないよね
16：例えば「大丈夫」とか「いいよ」は、「OK」「NG」の両方の意味があるよ
17：一度ネットの世界に出たものはすべて削除ができない。「軽い気持ち」が自分も友達も一生の傷になるよ
18：居場所がわかってしまったら、誘拐・監禁・事件に巻き込まれる

ルールはつくった後が最重要

つくったルールは守られているか

ルールは守るためにつくります。守らないのであれば、つくる意味がありません。つくって終わりではなく、つくってからがスタートです。

ルールが守られているかどうかは、定期的に確認・経過観察をする必要があります。毎日でもいいし、2日に1回、1週間に1回、抜き打ちでも構いませんので、確実に行いましょう。

子どもがルールを守り続けていれば、順調です。しかし、残念なことに約束を破るかもしれません。約束を破った場合はルールで定めたとおりに対処してください。ここは、甘い顔を見せずに、毅然とした態度で対応しましょう。

子どもに「ルールを破っても、どうせ何とかなるだろう」と思わせてはいけません。親子で話し合ってルールを定めた以上、きちんと対応します。親が強引な態度で、そして理不尽に子どもからスマホを取り上げるわけではありません。

また、約束を守れなかったときに、例外は不要です。「ちょっとだけだったし」、「今回だけは許してあげる」といった態度をとると、次からはルールは無視されると考えた方がいいです。

スマホに限った話ではありませんが、子どもかわいさのあまり免罪してしまうということを繰り返すと、子どもは親の言うことを右から左へ聞き流すようになってしまいます。親を軽んじて、悪さをしても何とかなるだろうと考えるようになります。

厳しい子育てを推奨するわけではありません。どんなに小さなことであっても、できたことは褒める。感謝があれば「ありがとう」と伝える。そして、間違いをしたときは感情的にならないよう、一呼吸置いて、毅然とした態度をとる。こうしたメリハリをつけることが大切です。

すでに与えている場合は使用状況を可視化して話し合う

すでに子どもにスマホを与えている場合は、その使用状況を確認して、スマホを使う時間が多すぎると感じたならば、親子で話し合い、一緒に改善策を考えてください。

ここでは、私がある生徒と一緒に考えた事例を紹介しながら考えていきます。この生徒の場合は中学3年生で受験を控えていたため、勉強時間の確保も同時に行いましたが、難しい場合はスマホ使用だけに限定した方がいいでしょう。

①使用時間を確認する

まずは平日・休日に分けて、スマホを使ったトータル時間と、それぞれのアプリの使用時間を紙に書き出します。もちろん、記憶をたどるのではなく「スクリーンタイム」を見て確認してください。

②アプリごとに使用時間の削減策を考える

書き出した時間を確認し、「どのアプリを」、「どれくらい」、「どのようにして減らすか」を考えていきます。（図4-1）。話し合いの結果、この生徒は、InstagramとLINEは外せないが、TikTokとYouTubeはなくても大丈夫だと本人が結論づけました。スマホではありませんが、テレビの視聴時間も削減することに。

③さらに勉強時間を確認する

本人の聞き取りをもとに確認したところ、平日も土日も、ほぼ勉強する時間がとれていないことがわかります（図4-2）。スマホとテレビの時間を減らしたことで、

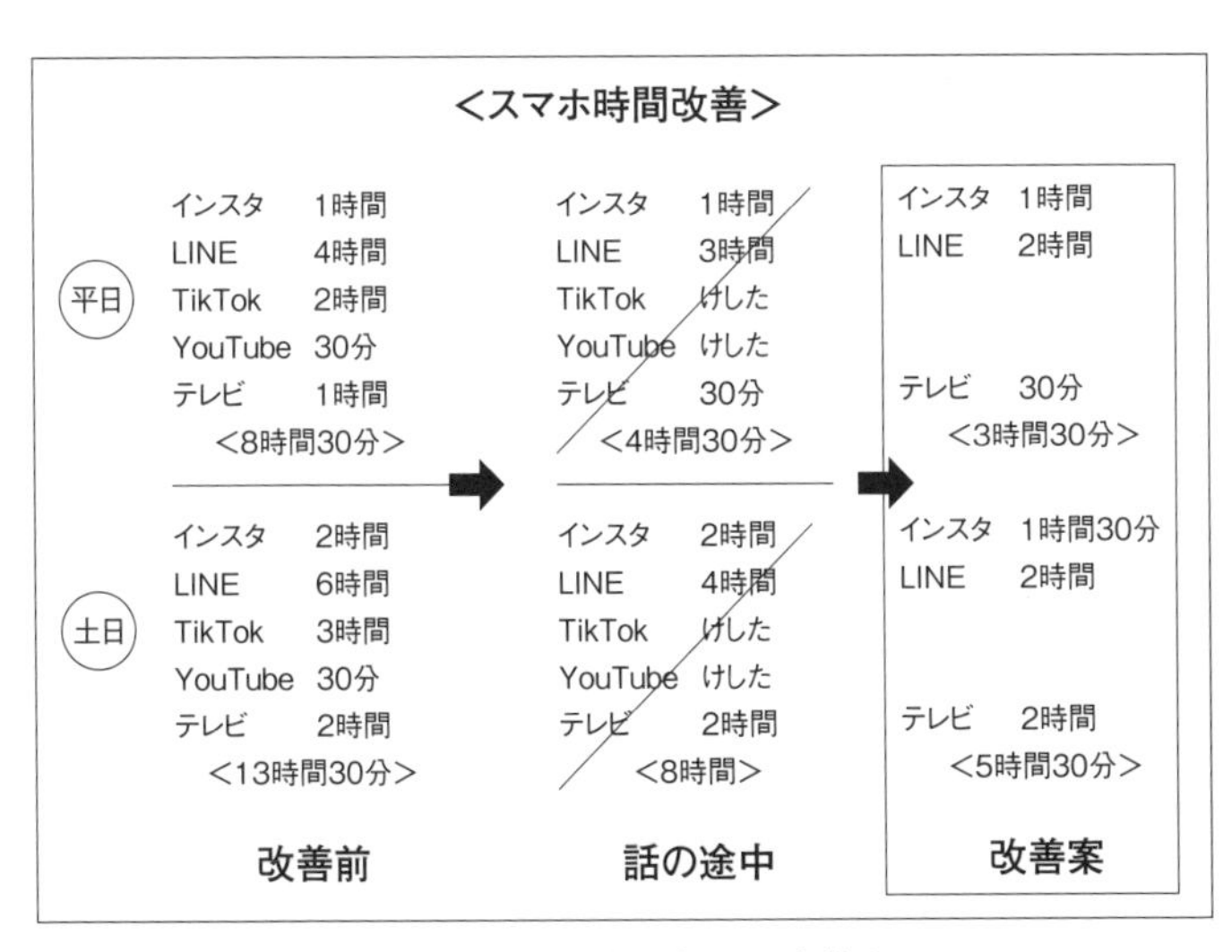

図4-1　スマホ使用時間を改善する

平日4時間、休日8時間もの時間を勉強にあてられるようになりました。

④週に1回チェックする

あとは実行あるのみです。ただし、決めただけではなかなか実行できないので、1週間に1回、通塾時にスクリーンタイムの提示を義務づけました。その結果、スマホ使用で大幅な時間減を達成することができました（図4-3）。

学習総量が増えたことにより、早々に結果が出ました。社会は

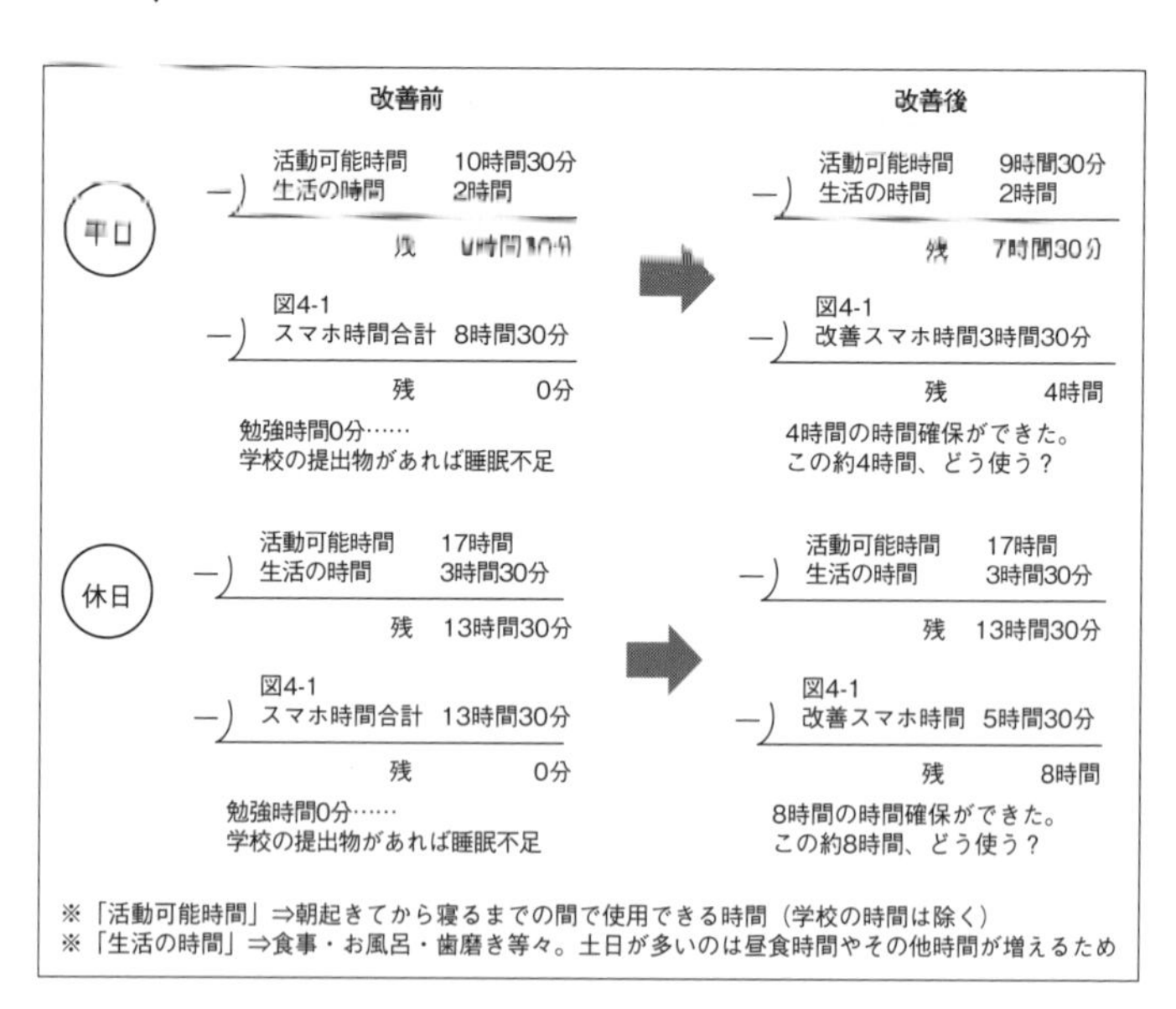

図4-2　スマホ時間と勉強時間の改善

59点（116位）が93点（29位）に、理科は59点（80位）が74点（64位）になるなど、目に見える効果を得ることができたのです。

この生徒は受験生であり、本人の意思もあってスマホ時間を減らして勉強時間にあてました。しかし、スマホの使用時間を減らして生まれた時間は、必ずしも勉強しなければいけないわけではなく、どのように活用するのかについては、親子で話し合って決めてください。

注意したいのが「この時間を

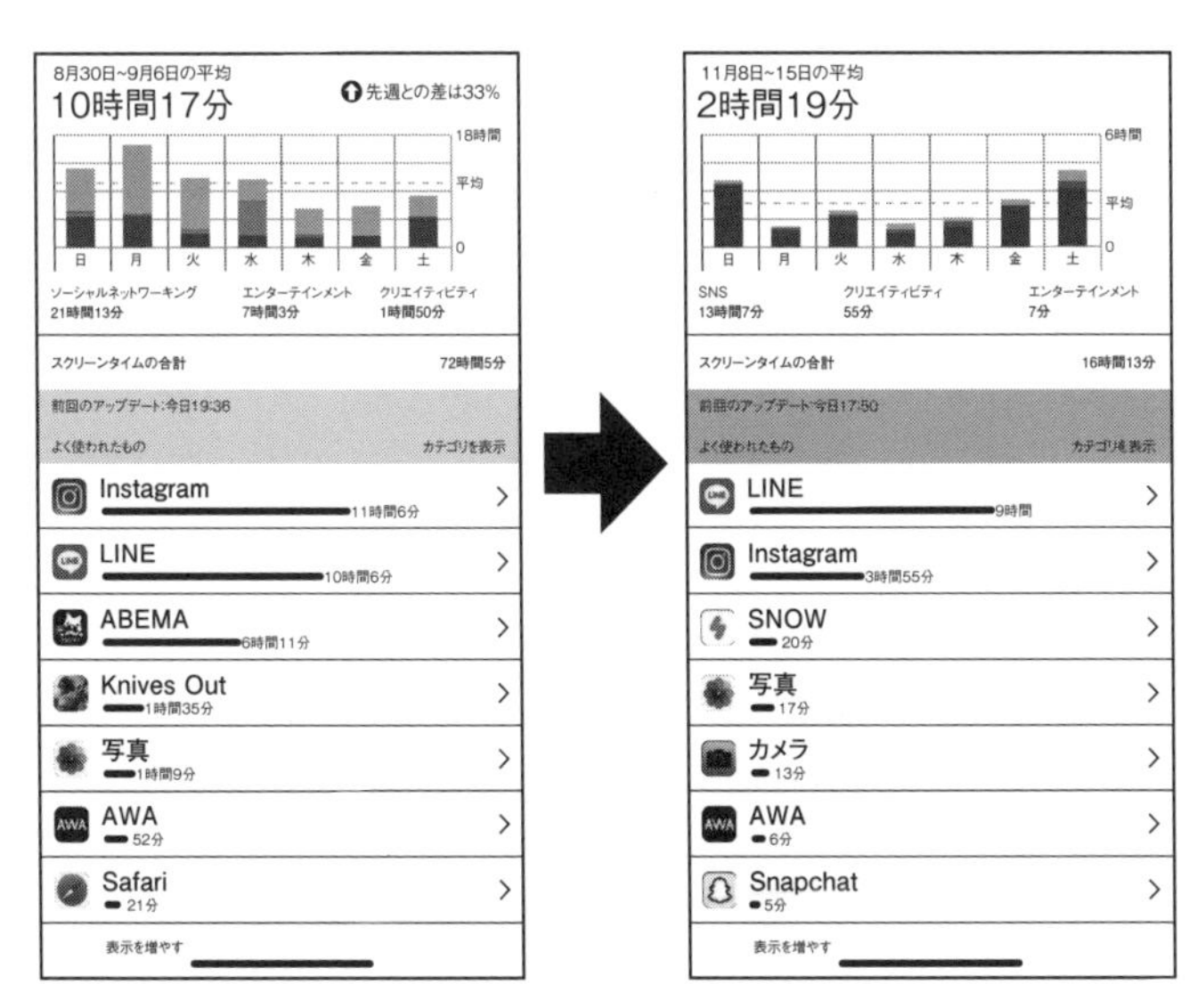

図 4-3　スクリーンタイムで確認する

勉強にあてれば、成績も上がるだろう」と、親だけが欲張ってしまうことです。気持ちはよくわかります。でも、最初のハードルは低く、が原則です。

たくさん勉強して、良い成績をとって、良い学校へ進学して……と親が願う気持ちはわかりますが、そこに子どもの気持ちは置いてけぼりになっていませんか？　子どもが納得できればよいですが、親の要望や願望の押しつけは、親子関係がこじれる原因となります。

子どもは親の背中を見て育つ

あなたは、我が子が勉強しているとき何をしていますか？　子どもには「勉強しなさい」、「いつまでもゲームしてるんじゃない！」などと言いつつ、自分はスマホやゲームをしていませんか？

親からすると「日々家事や仕事で疲れているから、つかの間のストレス発散」かもしれません。でも、子どもからすれば「自分は遊んでいるのに、人には『勉強しろ』とばかり言って！」と不満に思っているのは、多くの生徒と話をして思うところ。

ただ、コロナ禍でリモートワークを行う人が増えたことで、私の塾の生徒たちの中には、「お父さん（お母さん）が何をしているのかよくわからなかったけど、大変な仕事をしているんだなと思いました」という言葉を耳にします。

人は「何を言われたか」よりも「誰に言われたか」を重視し、行動しやすいものです。あえて子どもの前で仕事に励む姿や、親自身がスキルアップのために学習している姿などを示してみてください。そうすることで親に対して尊敬の念を抱きやすくなるとともに、子ども自身も「頑張ろう」と思えるはずです。

また、親自身も何らかのルールをつくり、一緒に守るのも1つの方法です。

「子どもが勉強しているときは、お母さんもテレビを見ない」
「YouTubeやゲームの時間制限を、子どもと同じにする」

親から頭ごなしに「こうやれ！」と指示命令されると、子どももイラッとするものです。もちろん、時にはそうした態度も必要です。

しかし、反抗期の子どもたちには、そうした態度は反発を招くだけ。ですから、まずは親である自分も一緒に「約束事を守る」を実践してみるのも1つの方法です。

「やってみせ、言って聞かせて、させてみて、褒めてやらねば、人は動かじ
話し合い、耳を傾け、承認し、任せてやらねば、人は育たず
やっている姿を感謝で見守って、信頼せねば、人は実らず」

これは軍人として多くの部下を統率してきた山本五十六の言葉です。この言葉には、「相手を軽んじて言うことを聞かせようとすれば、反発され、関係構築ができない」という意味合いも含まれています。親子関係も人と人とのつながりです。

第5章

スマホを活用して学力アップ

スマホと成績の関係性

スマホ使用と成績の関係について、興味深い調査結果があります。

仙台市では、東北大学と学校関係者が連携して「学習意欲の科学的研究に関するプロジェクト」が発足し、長年にわたり調査・研究が行われています。小中学生を対象とした「学習状況調査のデータ」などをもとに、脳科学や認知心理学の観点から学習意欲について科学的に分析・活用することを目的としたプロジェクトです。

これまでの調査で、「長時間のスマホ使用は、子どもたちの学力に悪影響を及ぼす」という結果が得られています。具体的には、次のような点が明らかになっています。

- 平日の学習以外の動画視聴時間が1時間未満の子どもたちは、学習時間が短い場合でも成績の伸びがよい。一方、1時間以上の子どもたちは、たくさん勉強しても成績が平均付近にとどまっている。

- 勉強時間にかかわらず、「ながらスマホ」は成績を下げる。例えば、アプリを使用しながら3時間勉強している子どもよりも、集中して30分勉強している子どもの方が成績が高い。
- 家庭学習において、電子端末を学習のために利用する場合は1時間以内だと成績がピークになる。すなわち、素晴らしい授業を見ても、アウトプット学習（自分で練習する）がなければ身につかないことを意味する。
- 睡眠時間は、不足していても多すぎても、よい結果が得られない（第2章参照）。

あなたも親として、長時間のスマホ使用は成績に悪影響を及ぼすのでは？　と薄々感じていたと思いますが、それが科学的に立証されたわけです。

つまり、スマホの与え方・使い方によって学習効率や成績に影響が出るということ。子育てや家庭学習にスマホ問題が関与していることが実感できるデータです。

Aくん
勉強3時間
動画1時間以上
ながらスマホ
睡眠6時間
Bくん
集中して30分勉強
スマホは見ない！
動画1時間未満
睡眠8時間
テストの成績
Shock…
なんでー
平均ギリギリ
やったー
成績UP

スマホを学習に活用する前に知っておくこと

学力向上の三大要素。「学習量」×「集中力」×「効率の良さ」

学力向上の要素は、大きく以下の３つのかけ算によって決まります。

絶対的な学習量×集中力×効率の良さ

「なぜ、結果に表れないのだろう？」というときは、このかけ算がきちんとできていないと考えていいでしょう。かけ算ですから、３点がそろって初めて高得点が期待できます。逆に１つでも欠ければ、その分、結果に影響してきます。

・スマホが気になる。ほかのことをしたくなる。　⇓　集中力がない
・長い時間、真剣に勉強しているが、点数に表れない　⇓　効率が悪い
・そもそも学習時間が少ない　⇓　学習量不足

特に「集中力」はスマホ問題の1つ。つくったスマホルールを活用し、スマホを適切に使用することができるようになっていれば、改善していくことでしょう。

また、「効率の良さ」では、アウトプット学習の比率を上げましょう。脳科学では、脳は知り得たことを使うことで重要なことと認識し、長期記憶として保存されると言われていますし、あなたも実感したことがあると思います。インプット時間よりも、アウトプット時間（要約する、問題を解く、声に出すなど）を増やす。つまり、まだ記憶として定着していないことを思い出すときに覚えるということです。

「わからない」の9割以上は「知らない・覚えていない」だけ

子どもが大好きな言葉、「わかりません」。そもそも「わからない」とは何か？

「わかる」を辞書で調べると、「物事を正しく判断し理解する」と書いてあります。つまり、「わかる」ためには、まず「知る」必要があります。

しかし、「わかる・わからない」という前に、そもそも子どもは用語を知らないのです。要するに、子どもが口にする「わからない」とは、正しく判断し理解する前の「知る」ができていないことがほとんどです。

そもそも知らないので、わかるはずがありません。したがって、子どもが口にする「わからない」のほとんどは「知らなすぎるだけ」と認識してください。知らなすぎるわけですから、「知る」から始めればいいのです。

「知る」ためのポイントを１つご紹介します。

子どもは知らなすぎるがために、「やりたくない」と思っています。そこで、こんな具合に、段階的に意識を変えるよう子どもに提案してみましょう。

①最初に、「〝知らない〟という自分」を受け入れる。
②だからこそ、これから知って、覚えるんだと思う（マインドセットする）。
③学習している最中、わからない問題が出たとき「わからねーよ」と思えば、脳は拒

否反応を起こすので、そこで終了。しかし、知らないのを前提として「今の私はキミのことを知らないし、覚えてないので覚えますよ～」と、思って取り組む。何もせずに嘆くより、はるかに取り組みやすくなる。

そして、意識の次は実践。学校ワークを行うときは、解答冊子も用意しましょう。問題文を読んで知らないのであれば、それは即解答を確認して知りましょう。知らないものはいくら考えても答えが浮かびません。

もちろん、教科書や資料集で調べるのが理想です。しかし、知らなすぎる子どもは、それが困難かつ時間がかかりすぎてしまうため、覚える時間がなくなります。結果、効率の悪い学習になってしまうということを知っておいてください。

「わからないことがわからない」という子どもにどう対処するか？

「わからないことがわからない」という言葉を口にする子どももいます。これは、「わかりません」をさらにこじらせているケースです。わからないことがわからないほどに「何も知らない」、「何も覚えていない」といえます。

「ある状況・現象・知識から何が考えられるか？」という思考力の獲得が求められる時代ですが、思考力以前に、ベースとなる知識がなさすぎることに問題があります。

そこで、焦らずに、先ほど紹介した「言葉を知る」を１つひとつ繰り返していきましょう。その先に基礎問題があり、知識が増えていきます。

知るために必要なすべての学力の土台「語彙力」を読書から

子どもと話をしていると、「話が通じていない」と感じることが多々あると思います。これには大きく２つの理由があります。１つ目は、そもそも話を聞く気がない。２つ目は「言葉の意味がわからない＝語彙力が足らない」ということが背景にあります。


語彙力を示す一例を紹介します。

「要領」はどんな意味でしょう？ 図5-1は、「ことばの学校」という「速聴読で読書をする」カリキュラムにおいて、読書ワークを行ったときの小学5年生の解答です。

大人からすると、「なんで〝元気〟を選んだ!?」と不思議になる解答です。

この生徒は、お母さんから「もっと要領よくやりなさい！」とたびたび言われていたそうです。

この言葉をお母さんから投げられるとき、自分はダラ～とした態度をとっていた。だから、「要領よくやりなさい」＝「元気よくやりなさい」と覚えていたらしいのです。

「何度も同じことを言わせて！」とお母さんは嘆くわけで

てきぱきしてて、要領よく

「要領」の意味は、次のどれでしょうか。

（ ）うまくやる方法
（ ）大切なところ
（ ）中に入る分量
（ ）元気

図 5-1 「語彙力」を示す一例

すが、双方違った意味合いで捉えて話をしているわけですから、意思疎通ができるわけはないですよね。

英語の大切さは常に言われてきました。しかし、これからのＡＩ時代では、母国語がわからなければ、新たな言葉を正しく知ることができません。知らなければ、活用することもできません。母国語の欠如はすべての活動に影響を及ぼします。

活字離れが加速していますが、特に時間のある小学生には積極的に読書習慣を持たせることをおすすめします。語彙力がなければ、学力アップ以前に、うまくコミュニケーションをとることさえもできないわけですから。特に幼児・小学校低学年には「読み聞かせ」が有効です。

PDCAサイクルを身につける

PDCAサイクルとは

184ページで紹介した「学習意欲の科学的研究に関するプロジェクト」の結果からも、スマホの使用がすべて悪だというわけではないことが見てとれます。学習目的であれば、1時間以内の利用が最も成績が高いと示されており、うまく活用すれば成績を伸ばすことも可能です。

しかし、明確な目的もなくスマホを学習に取り入れるのはおすすめできません。いつしか勉強時間が動画視聴時間になってしまうなど、成績アップに効果があるどころか、害を及ぼす結果になることが目に見えています。

そこで、まず身につけたいのが「PDCAサイクル」です。PDCAサイクルとは、

Plan（計画）、Do（実行）、Check（検証・評価）、Act（改善・調整 ※Checkによる評価に従って再行動する）の頭文字をとったものです。

学生時代の学習は知識を身につけるだけではありません。社会人になる前の訓練の場でもあり、「知識を自ら活用し、知恵を得る場」でもあります。問題に直面した際に「どうしたらよいか」を自分なりに考え、行動する訓練と考えてもよいでしょう。「どうしたらよいか」を考える道筋となる方法の1つが、ＰＤＣＡなのです。

ＰＤＣＡサイクルの仲間として、「G-ＰＤＣＡサイクル」というものもあります。こちらは「ゴール（G）を明確にする」という意味合いがあります。ゴールから逆算することで、今やらなければならないことが明確になります。

このほかの仲間として、「ＯＯＤＡループ」もあります。Observe（観察）、Orient（状況に対する適応・判断・仮説立て）、Decide（仮説に基づき意思決定）、Act（意思決定した方針に従い実行・仮説の検証）の頭文字をとったものです。刻一刻と変化する情勢の中で、迅速性と柔軟性を兼ね備えた意思決定が可能になるため、より現代の時代背景に即しているともいえます。ただ、状況確認力の訓練が必要です。

ＰＤＣＡサイクルは計画重視の側面があり、ＯＯＤＡループは、失敗を修正しつつ

「まず動いてみる」という特徴があります。学習においてはどちらが優位ということはなく、子どもによって向き・不向きがあるので、適している方を取り入れるとよいでしょう。

定期テストにＰＤＣＡサイクルを活用する

中高生が定期テストの勉強のためにＰＤＣＡサイクルを行う場合、具体例は図5-2のような形になります。

ＰＤＣＡサイクルを勉強で行う場合、最初の「Ｐ（計画）」

Plan（計画）	【必要なものを準備する】 ・教科書やワークなどを並べる ・やるべきことを書き出す 【行動のボリュームを把握する】 ・試験範囲を確認する ・提出物を確認する ・（自分にとっての）難易度を把握する ・必要な勉強時間を考える
Do（実行）	行動（勉強）する
Check（検証・評価）	・設定した時間内でできたかどうかを振り返る ・（終わらなかった場合）原因を考える ・次はどうすればよいかを考える
Act（改善・調整）	・Check を踏まえて再行動(勉強）する

図 5-2　定期テスト対策にPDCA サイクルを活用する

が難所です。多くの中学校では、テスト前に学習計画表を記入するようにと渡されますが、計画どおりにできない子どもが多いことが、それを物語っています。

そこで私がおすすめしたいのは、次のような気持ちで行うＰＤＣＡサイクルです。

Plan：　ざっくり計画
Do：　面倒くさがらず、失敗を恐れず、集中して行動する
Check：できたことを自ら褒め、認め、改善法を考える
Act：　改善策を踏まえて再行動する

計画やゴールからの逆算思考はとても重要であり、確実に身につけたいことですが、行動しなければ何も得ることができません。「Ｐ」よりも「Ｄ」・「Ｃ」・「Ａ」を重視するよう意識づけます。「とりあえずやってみる」という考え方です。

ただし、子どもにありがちなのが「学習前の宝探し」、つまり、何がどこにあるのかわからない状態です。教科書探しに何分もかけただけなのに、あたかも勉強をやったかのような気分になるのは避けたいところです。「Ｐ」の段階で必要なものを準備

しておけば、「D」は勉強に全力を注げます。

また、「C」では学習結果だけに着目するのではなく、行動の振り返りを重視してください。テストの点数や偏差値ばかりを見るのではなく、「うまくいった点はどこか」、「足りなかったことは何か」を振り返り、次回につなげます。

例えば「スマホの誘惑に勝てず、勉強に集中できなかった」という反省点が挙がったならば、次は誘惑に打ち勝つためにどうすればよいのかを考える。アイデアが出ないようであれば、そこで初めて助言をする。はじめから「こうやればよかったじゃない！」では、本人の成長につながりません。

ある卒塾生のケースをご紹介しましょう。彼は中3で入塾したとき、通っている中学校で「真ん中より少し下」の順位でした。しかしその後、成績を上げて高校進学。そして大学入試では、難関私大と呼ばれる入学群に複数合格しました。同窓会では「なんでお前が受かるの!?」と驚かれ、気分が良かったそうです。

彼に成績アップの秘訣（ひけつ）を尋ねたところ、「何をどのようにすればできるようになるのかを常に考え、実践し、修正し、再行動をし、より良いものにしていったからです」と語ってくれました。

「高校の恩師の教えもありますが、お世辞なしに、塾に通っていたときに指導していただいたＰＤＣＡサイクルを実践するようになったことが大きいです。それは、僕の考え方の源泉であり、社会人になってからも大いに役立っています」とのこと。

学習を通じて得られるのは知識だけではなく、「①ゴール（対象）の情報を入手・分析する力」、「②ゴールから逆算して【戦略的】に考え・行動してみる経験」、「③誘惑に惑わされず、はねのけ、集中する精神力」、「④自分の現在地とゴールとのギャップに対して、何が足りないのか？を分析して改善策を考える力」、「⑤改善策を基にして、さらに行動に移す力」を得ることもできます。

さまざまな人生経験をしてきたあなたにはわかると思いますが、これらの「行動と改善を繰り返しながら結果に結びつけていく取り組み」は、社会に出てから求められる思考とスキルです。最初はできなくて当たり前。失敗も大歓迎です。試行錯誤の末にゴールに到達することで得られる「本当の意味での考える習慣」は、子どもの宝となり、社会で必要とされる人材となるでしょう。

過干渉に先回りしたアドバイスを続けていると、子どもが自分で考える経験が不足し、子育ての最終目的である「自立」からは遠のいてしまいます。

4 スマホを学習に活かす

スマホで「知りたい欲」を満たす

勉強も仕事も同じですが、物事を覚え、使いこなすには、「知識を得る」、「自分の頭で思考する」、「行動する」というサイクルが必要です。これをもう少しわかりやすくいうと「知る」、「わかる」、「できる」、「使いこなす」になります（図5-3）。

子どもは好奇心旺盛で、「知りたい欲」が盛んです。あなたも、子どもが幼い頃から

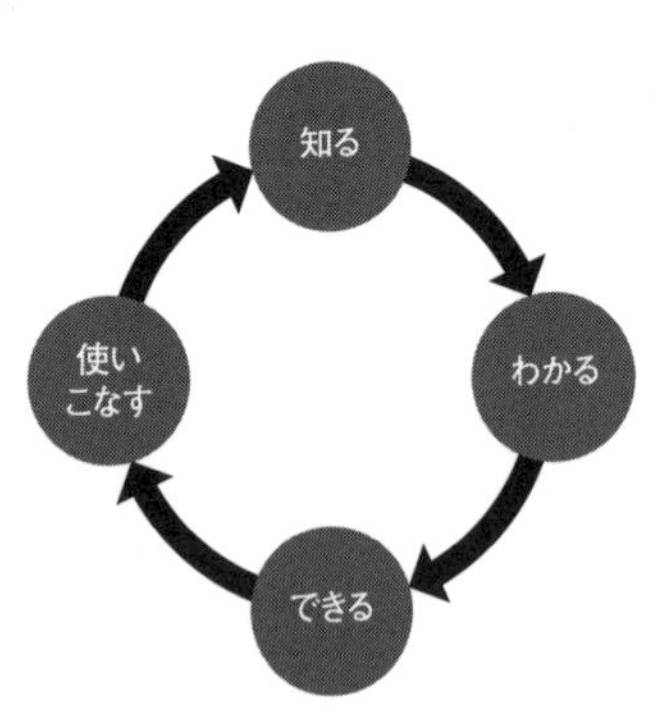

図5-3 「知る→わかる→できる→使いこなす」の学習サイクル

「なんで〇〇なの？」、「なんでこうなるの？」など、「なぜなぜ攻撃」を受けてきたのではないでしょうか。

こうした「なぜ？」、「なんで？」といった疑問は、その場で解決するのが一番です。なぜかというと、「なぜ？」、「なんで？」は放っておくと、疑問そのものを忘れてしまうからです。その場で疑問を解決しておけば新たな知見やアイデアが生まれたかもしれないのに、忘れてしまったら機会損失です。

「思い立ったが吉日」とはよく言ったもの。疑問に思ったことはその場で調べましょう。そして、調べるのに最適なのが、スマホなのです。

スマホ検索を使って「知る」

知らない用語（言葉）の意味を調べたいときは、Google先生に聞くのが手っ取り早いですよね。同様に、読めない漢字に出会ったときも、スマホ画面上で手書きをすることで予測変換可能です。この間、わずか10秒程度といったところでしょうか。

また、英単語であれば、発音もセットで覚えることができます。翻訳ページで英単語を検索して、発音マークを押すだけで、ネイティブの発音を学べます。

我々大人の子ども時代であれば、英和辞典や国語辞典・漢和辞典を使って時間をかけて調べたものですが、現代であればスマホを使って瞬時に解決できるのです。

「知る」は学習サイクルの第一歩。ここに時間をかけては覚える時間がとれません。検索技術を身につけるためにも、スマホを使って調べるのも1つの方法です。

「知る」をもっと手軽に簡単に「Googleレンズ」

あなたは「Googleレンズ」を使ったことはありますか? Google レンズは、目の前にあるものをカメラに写すことで認識し、その情報や見た目が似ている画像を検索することもできます。大変便利なアプリなので、例を挙げながら詳しく説明しましょう。

①気になるものを探す

例えば、子どもの引き出しの中から、何なのかわからないポケモンカードが出てきたとします。そこでGoogleレンズで撮影すると、似ている画像を検索し、表示してくれます。私もフリマアプリで高値で取り引きされていて、びっくりしたことがあります。

また、愛用してきた小銭入れがくたびれてしまったため、同じ商品を購入しようとしました。どこで買ったのかを思い出せず、メーカーもわからず……という場合でも、Googleレンズで撮影して検索すれば、同じ物や似た物を探してくれます。

②文字情報のデータ化や翻訳

目の前に紙の書類はあるが、それを作成した元のファイルがない。少し手直しして改めて作成したいと思うが、書いてある文章をキーボード入力するのは手間。「どうしよう？」というとき、Googleレンズを使い、紙の書類を撮影。書かれている文字情報（テキスト）がデータ化するので、それをコピーすることで、もう一度文字入力する手間が省けます。

英語で書かれた書類も同じ方法でコピーするだけではなく、そのまま翻訳。海外旅行で案内看板に書いてあることがわからないときにも、同じことができます。また、カメラをかざすことで、画面上で日本語表示をさせることもできます。

③問題の解き方を知る

例えば、数学で解き方がわからない問題に突き当たった場合、Googleレンズで問題を撮影することで、解法を検索することができます。計算問題、関数のグラフ、扇形の面積など、いろいろなことで使えます。ただ、現状では発展途上であり、ムダな解法を提示することもあるので、鵜呑みにはできません。

④音楽の曲名を探す

お店で流れている音楽の曲名を知りたいときにも、Googleレンズが使えます。「スマホのマイクを使用することを許可するか？」と出てきたら「許可」を押すだけで、拾った音を検索し、曲名を探してくれます。

⑤植物や動物を調べる

道端の花の名前がわからないときはもちろん、壁に張り付いた昆虫の抜け殻でも、カメラを向けるだけで、それが何なのか、知ることができます。

このように、今までならば検索自体が難しかったことも、Googleレンズや同様のアプリにより簡単に答えにたどり着けるようになりました。活用してみてください。

スマホカメラを使って「わかる」

「知る」の次のステップは、「わかる」です。用語の読み方を知っただけでは、時間がたてばすぐに忘れてしまいます。しかし、用語の意味を理解し、覚えることができたら、それは「わかる」になります。

「知る」から「わかる」に進むための1つの方法が、暗記です。ここでもスマホを上手に活用することで、効率的に暗記することが可能です。

活用するのは、スマホのカメラと画面編集。次の手順で行います。

①暗記したい部分をスマホカメラで撮影する
②暗記したい部分を写真の編集機能を使って黒塗りにする
③繰り返しテストしながら覚える

自分で自分用に穴埋め問題を作成するイメージです。自分のスマホの中に問題が入っているので、通学時などの隙間時間を効果的に活用して勉強することができます。

ただし、この方法は学習経験が豊富ですでに「書く」ことに慣れた子どもに有効なものです。書くことに慣れていない子どもには、あまりおすすめしません。

ボイスメモを活用して「わかる」

五感（視覚・聴覚・触覚・味覚・嗅覚）は、使えば使うほどよいといわれています。視覚に頼りがちな暗記は、聴覚も併せて活用するのが効果的です。

やり方は簡単。スマホの「ボイスメモ」機能を使います。覚えたい内容を自分で整理して、自分の声で録音したものを聞いて覚えるという方法です。

例えば、授業ノートの内容を5分程度に要約し、録音します。これは受動的に授業の録音を聞くのとは大きく違います。能動的に自分の頭を使って要約することで、理解度が増すとともに長期記憶に残りやすく、物事の本質を捉える訓練にもなります。

また、ボイスメモを聞くときは、倍速にするのもよいでしょう。速聴効果で、より速く情報を理解し吸収する力を育むことができ、集中力や注意力が増える効果もあります。さらに、時間短縮の効果もあります。

ポイントは、受け身ではなく能動的に聞こうとすること。ＢＧＭのような聞き流しでは、頭に何も残りません。例えば、ファミレスや喫茶店で流れていたＢＧＭを後で思い出すことができないのと同じです。

動画とアウトプット学習で「できる」

学校の授業を聞いていてもわからない場合、無料動画を活用しましょう。「教育系YouTuber」と呼ばれる方々をはじめ、さまざまな方が動画をアップしています。教育系YouTuberで一躍有名になったのが、葉一さんの「とある男が授業をしてみた」です。今は「19ch.tv」というサイトから学習したい単元別に見ることもできます。また、ネットで検索すると、美術や音楽といった実技科目の解説動画もあります。

ただし、動画を見て理解したつもりになっているだけでは、あくまでも「知る」、

「わかる」止まりです。解説動画をもとに自力で問題を解く訓練（アウトプット学習）を経て、はじめて「できる」に到達します。

また、解説動画とはいえ、動画視聴には相当な注意が必要です。YouTubeを開いたが最後、勉強とは関係のないおすすめ動画が目の前に飛び込んでくる可能性が高いからです。勉強のために使用していたはずが、いつの間にか学習と関係のない動画を視聴しているのでは、意味がありません。

対応策をご紹介しますので、ぜひ設定してみてください。

・パソコンの場合

左上の「☰」をクリックし、「履歴」→「すべての再生履歴を削除」→「再生履歴を保存しない」の順番で設定します。また、表示される「履歴をＯＦＦのままにする」をクリックすると、履歴が表示されなくなり、検索しかできなくなります。

・スマホの場合

右下の「マイページ」をタップすると、「履歴」が出てくるので、「すべて表示」をタップ。「履歴」→画面右上の「…」をタップ。すると、パソコンと同様のメニューが表示されるので、「すべての再生履歴を削除」→「再生履歴を保存しない」と設定します。最後にアプリを落として再度起動すると、表示されなくなります。

もう1つ、不要な「登録チャンネル」を削除すると、誘惑を減らすことができます。

- パソコンの場合

「登録チャンネル」をクリックし、右上の「管理」をクリック。「ベルのマーク」→「登録解除」をクリックすることで不要な登録チャンネルを削除できます。

- スマホの場合

「登録チャンネル」をタップし、右上の「すべて」をタップ。「ベルのマーク」→「登録解除」をタップすることで、同様に削除することができます。

今後、仕様が変わる可能性もありますし、少し検索すれば、その新しい方法も、設定を元に戻す方法も知ることができてしまいます。設定しておいた方がよいことですが、これで万全というわけではないと覚えておいてください。

そうした意味では、こうした設定を行ったうえで、「勉強で動画を視聴するときは、親の目の届く場所で行う」とルールに入れるとよいかもしれません。

オンライン自習室で「できる」

家庭での学習時間を増やしたいと思っている保護者は多いものの、なかなか簡単にはいきません。それには子どもの「やる気」や「習慣」が求められるからです。

子どもの「やる気」を上げる1つの方法が、オンライン自習室の活用です。誰かと一緒に勉強する方が頑張れるという子どももいるので、そういった子どもはオンライン自習室や勉強記録アプリをうまく活用するのも1つの手です。

オンライン自習室は時間に関係なく利用でき、ほかの誰かが頑張っている姿を見て触発されることもあるでしょう。

「StudyCast」、「Studyplus」などのアプリが有名ですが、新しいアプリも次々登場しているので、必要に応じて「オンライン自習室　アプリ」で検索しましょう。

1人の方が集中できる子どもには適しませんが、オンライン上で一緒に頑張る仲間を見つけ、スマホ1つで学習管理ができ、なおかつ勉強の状態を可視化することができる――家庭学習を増やしたいと考えたときの方法の1つとして、知っておいて損はありません。

タイマーを使って「できる」

勉強をしていると、どうしても身が入らないというときも出てくるでしょう。そのままダラダラと学習を続けても、効果は期待できません。

心掛けたいのが、「目標時間を決めて学習をする」ことです。自分で時間を決め、限られた時間の中で集中することを意識します。

そんなとき、スマホのタイマー機能を活用するというのも1つの方法です。まずは、何をするかを決め、それから時間を決める。「20時まで」でも「10分間」でも構いません。実現可能な時間を設定して、集中して取り組む。特に集中力が続かない小学生に有効な方法です。ただ、スマホが気になるようなら、普通のタイマーを使いましょう。

「できる」で終わらせず「使いこなす」へ

「できる」で満足していると、テストで「これなんだっけ？」、「ここ、やったのに！」と、なってしまいます。子どもが「勉強したのにできなかった」といった場合は、「できる」ようになっただけで満足してしまい、使いこなせていないというのが最たる理由です。

確かに、いつもより勉強したのでしょう。しかし、「足りなかった」のです。

これに対する答えは簡単で、足りるようになるまで「できる」を繰り返すこと。せっかく「できる」に到達したわけですから、それを使いこなせるようになるまで練習を繰り返すことは、難しいことではありません。

スマホはあくまでも便利な道具

便利で効率的・効果的な学習の手助けとなってくれるスマホ。うまく活用しない手はありません。

ただし、スマホから得た情報がすべて正しいとは限らないので、取捨選択・判断をすることが必要であり、そのための知識も求められています。これは、これからのロボット・ＡＩの時代における学習目的の1つでもあります。

というのも、第2章でも述べましたが、知り得た情報を「どのように活用するかを自ら考える訓練」をしてきたかどうかということが、変化が激しく何が必要とされるのか想像もつかない未来にあっても、生き抜いていく知恵であり、事の本質だからです。

スマホは包丁同様、生活を豊かにする便利な道具です。そして、道具というものは使い方次第で効果が大きく変わります。道具に使われるのではなく、道具を活用する。それには、単にルールを導入するというテクニックの部分「だけ」では、不十分であるということは、本章を読み終わるまでに知ることができたと思います。

「スマホは子育ての新たな悩み」ですが、子育てで起きている問題の一部です。子どもへの声掛けを含めた子育て全体として、少し立ち止まって自分を顧みる。あなたは子育てを何も知らないところから始まり、頑張って試行錯誤してきて、今があります。

スマホに関しても、本書で知り得た与え方・使い方・活用の仕方を参考の1つとしてください。大人の関わり次第で、子どもの未来が変わっていきます。

第6章

子育ての最終目的「子どもの自立」

子育ての目的は子どもの自立

あなたが考える子育ての目的は、どういったものですか。

私は、子育ての最終目的は「子どもの自立」を促すことにあると考えています。なぜなら、先にこの世を去るのは我々親だからです。また、子どもはいずれ大人になり、自らの生活をしていきます。

ここで、あなたが子どもに対して思う一番の不安は何でしょう。それは「将来に対する不安」ではないでしょうか。

「この成績で行ける高校・大学はあるの？」、「あなたの将来が心配だから言っているのに、なぜわかってくれないの！」——真剣に子供のことを考えているはずなのに、なぜかうまくいかない。

反抗期もその1つです。「反抗期」とは、自分とは違う考え・価値観を持つ、親からの脱却を図っている時期だといえます。親は、子どものことを思っているからこそ、「こうやればいいじゃない」と、つい口を出してしまいます。

しかし、あなたも私も、最初から効率的な行動がとれたわけではありませんよね。

非効率なことをしたから、困ることがあったから、効率よく行動することの大切さを学び、実践・改善を繰り返し、今に至っているのではないでしょうか。子どもも、まさにその経験を積んでいる真っ最中です。

自分が経験した苦労はさせたくない、同じ後悔をしてほしくないというのが親心です。しかし、口を出しすぎた結果、かえって親子関係が悪化してしまうわけですから、とても残念なことです。

また、親に対する不満の多さから、現実世界から離れることを可能にしてくれるスマホに依存、そして加速させている生徒も見てきました。

ここで知っていただきたいのは、「おせっかい」と「面倒見がよい」は、違うということです。その差は、子ども自身が助けを必要としているかどうかにあります。

助けを求める言葉やサインを出しているときこそ、親の出番。でも、子どもが助けを求めていないにもかかわらず、つい先回りして手を出してしまうのは「おせっかい」なのです。

サポートは本人が必要としているときに行う。親の役割は、まさに「アドバイザー」です。

例えば、あなたは「明日の荷物、ちゃんと準備したの？」、「明日の荷物なら、私が準備しておいたよ」といった声掛けをしていませんか？ もしそうであるならば、これからは「荷物の準備で何か手伝うこと、ある？」、「最後のチェックを一緒にやろうか？」といった声掛けに変えてみるのはどうでしょう。

また、子どもが準備をし始めるのが遅くてイライラするときは、「夜に準備をすると、足りないものがあったときに買いに行けないから、今からやってもらえると私が助かるな」という声掛けもよいかもしれません。

これからの未来をつくる子どもに、その都度、気づきを与え続け、「自ら考え、行動する機会」を与え続ける。あなたが一生子どものそばにいて、障害を取り除き続けることができない以上、失敗のない人生なんて存在しません。

であれば、親の目が届くうちに起こる失敗は、むしろ大歓迎。失敗したら考えさせて、必要であれば手を差しのべ、あなたの経験・知恵を授ける。子ども自身も失敗し困っているわけですから、あなたの意見を素直に受け入れやすいでしょう。

「子どもに苦労してほしくないから」という親の「過干渉」、つまり、歩きやすい道を歩いてきた子どもが、あなたの手を離れたときに、本人が幸せと思う人生を自分の足で歩めるでしょうか？ それ以前に、こうしたケースでは、子どもの反抗期に悩む場合もあります。

「過干渉」は、子どもから成長の機会を奪います。だからといって「あなたを信じている」、「あなたの人生だから」という名目で放置・放任をするには、子どもは未熟すぎます。

つまり、親が子どもの自立に向けて求められるのは、「見守る」こと。親が子どもを見守る姿勢については、本書の各所で伝えていることが参考になるでしょう。

- 自己効力感・自己肯定感はそぐのではなく育むこと
- 子どもは未熟な大人と考え、対等に接する
- 感情的に話さず、リフレーミングを適度に活用し、捉え方と伝え方を変える
- 他人との比較ではなく、その子自身の成長を見る
- 親はあくまでもアドバイザー。自分のことは「自分で決定させる」訓練をする
- 助けを求めてきたときに対応できるよう、手を離し、決して目と心は離さない

子育ては、期間限定です。親子関係は一生続きますが、子育て期間は一生ではありません。あなたの子どもが、あなたの手から離れ自立したときに、幸せと思える生活ができている姿を思い浮かべながら、今の子育てに目を向けてみませんか？

親は子どもの応援団長であり、一番の味方

ロボット・ＡＩの時代。今は「秒進分歩」というくらい、技術革新が激化しています。大人だって、知らないことだらけです。

変化の激しい時代になり、社会で求められる人材像も変わってきています。英オックスフォード大学のマイケル・Ａ・オズボーン准教授（当時）らが、「今ある仕事の50％弱は失われる」という論文を発表したことも有名ですよね。つまり、今までの大人の常識や経験は、ともすれば、全く役に立たない可能性の方が高いのです。

これからの子どもに必要とされる力は、ＡＩをいかに活用して、何を生み出すかということです。社会で求められる人材像が変わったことにより大学入試も大きく変わり、暗記重視型の単に知識量を比べる試験は昔のものとなりました。

そんな中、活き活きと自立して生き抜くために必要なのは、知識を活かす知恵とともに、人が本来生まれ持っている「失敗を恐れず、前向きにいろいろなことに取り組む力」を育むことです。それは「自己効力感・自己肯定感」と言い換えることもできます。

自己効力感とは、「自分ならできる、うまくいく」という認知です。そして、自己肯定感とは、ポジティブな自分もネガティブな自分も受け入れることができる力。すなわち、いかなるときも「自分という存在を肯定できる力」です。

自己肯定感が低いと、常に自分が何かと比べ劣っていると思い込んでしまいます。同時にトラブルに弱く、社会に出てから生き抜く力が育まれません。

また、自己効力感が低いとチャレンジ精神が低くなり、挑戦する前から諦めてしまい、行動力が身につきません。

いくら勉強ができて、結果が良くても、その過程で自己効力感と自己肯定感がそがれていると、子どもは社会に出たとき、生きづらさを感じるようになるでしょう。つまり、自立ができなくなるのです。

家の手伝い、部活、学校のテストなど、子どもの行いに対して結果や点数のみに目が行き、「こんなこともできないの!?」、「なんでこんな点数なの？」などと口にしてしまう。こうした自己効力感をそぐ声掛けは、子どもが本来備えている行動の活力源を奪ってしまいます。

それは、失敗に対する不安、恥ずかしさ、評価を受けることへの恐怖、ネガティブ思考、自信のなさ、つまり自己肯定感の低下へとつながっていきます。そのうちに、親に結果を隠すようになり、行動することを避けるようになっていくでしょう。

失敗も成功も、行動した結果です。行動しないことには、何も得られません。まずは「行動をした」という事実こそが、褒められるべきこと。「成功」という結果のみを褒めていると、失敗を恐れ、生き続ける中で必要な学び続けること・行動することを避けるようにもなります。

失敗も成功も、どちらも人が成長していくためには大事な経験です。人生はうまくいくときばかりではなく、失敗も多いものだと、大人であるあなたはよくおわかりのことと思います。

まずは行動してみて、失敗しても、それを教訓にして活かし、再挑戦する心の強さを育むことが何よりも必要なことです。そして、子どもがそうした姿勢を身につけるには、大人の、親の声掛けがとても重要になってきます。
ここで、「アメリカインディアンの子育て四訓」をご紹介します。

乳児はしっかり肌を離すな。
幼児は肌を離せ、手を離すな。
少年は手を離せ、目を離すな。
青年は目を離せ、心を離すな。

あなたは今、何を離すべきタイミングにあるのでしょうか。子どもが失敗しそうになっても手を出さない。けれども、目と心は離さず、子どもが助けや助言を求めたら駆けつける準備をしておく。その見守りが、子ども自身の達成感・経験、ひいては自立心を育てます。
子どもにとって「親は応援団長であり、自分の一番の味方だ」と思われるような存在を目指しましょう。「ためらわずに行動できたね」、「前回よりできることが増えたね」などの行動にフォーカスした声掛けは、子どもの内なる強さを育みます。

「〝これから〟が〝これまで〟を決める」

「〝これから〟が〝これまで〟を決める」は、京都・本願寺の門前に掲示してあったという言葉です。藤代聰麿さんという名僧の言葉ともいわれています。

本書を手に取ってくださったあなたは、子育てにおいても、自分の人生においても、さまざまな「後悔」をしてきたと思います。中には、ふたをしたい過去もあるかもしれません。ただ、後悔というのはそのままになっているから「後悔」ともいえます。

以前、ある生徒が「先生、僕、後悔して勉強に身が入りません」と言ってきたことがありました。

「学総（部活の大会）が近づき、部活がオフだったその日。自宅に帰って時間があったにもかかわらず、スマホゲームを2時間もしてしまった。本当なら、体幹を鍛えたり、学習したりする必要があったのに、塾に行くまでの空き時間をすべてスマホゲームに費やしてしまい、お母さんにもこっぴどく叱られました。後悔の念でいっぱいになり、勉強に身が入りません」

まさに、嫌なイメージが頭から離れない状態ですね。そこで、私はこの生徒Ｋくんに、次のように話しました。

「今、まさにこのときが、未来をつくっているのだから、過去を嘆き、引きずって、〝今〟に全力を出さなければ、Ｋくんの未来は変わらない。ただ、過去はいらないもの・消去するものではないからね。〝良い経験＝喜び〟も〝悪い経験＝後悔〟も、さまざまなことが起きるのが人生。後悔して、嫌なイメージを持って動けなくなっている現状を受け入れることで、そこから先の最善の行動を見いだすこともできる。そして、その最善の行動をとることで、後悔していたはずのことは、気づきをもたらしてくれた〝貴重な教訓〟という、別の意味合いに変えることだってできるんだよ」

この話をした直後、Ｋくんは「しまった！」という顔をして、集中して学習に取り組みました。大人の声掛け1つで学習の効率が大きく変わったエピソードですね。

これは、大人も同じです。目の前で起きている「出来事そのもの」は誰から見ても等しく同じです。変わるのはそれをどのように捉え・受け入れるか、という自分自身。

そして、その後の行動です。

「過去が未来をつくる」という言葉はもちろん、間違いではありません。ただ、その過去が嫌なことであった場合、その過去に影響されて今の行動が阻害され動けなくなる経験をしたことはありませんか？

意識したいことは、未来をつくるのは、過去の延長としての「今」ではなく、「今、この瞬間」の行動だということです。すなわち、嫌なことがあり、後悔した状況を受け入れ、そこから、目標とする未来を逆算する。そして、「今、この瞬間」から、どう行動するか、ということが未来を形づくるのです。

例えば、これまでに過干渉に接しすぎてしまい、子どもが自分の頭で考えないことをあなたが後悔しているのであれば、現状をスタート地点として、これまでのあなた自身の失敗を容認し、「これからできることは何か？」を考える。そして、これからは、気づきを与える声掛けに変えていけばよいのです。

誰もがさまざまな後悔を抱えながら子育てをしています。後悔を感じたときこそ、行動や声掛けを変えることで、あなたとあなたの子どもの未来は変わっていきます。

この後に紹介する「子育て共育7つの法則」でもお伝えしますが、うまくいかない自分自身も受け入れたうえで、今のあなたができる行動を少しでも変えてみませんか？

子育て共育７つの法則

本書の最後に、子育て共育アドバイザーの視点から、子育て共育７つの法則をお伝えしたいと思います。

①親は子どもが安心できる港であれ

子どもはいつでも立ち寄ることのできる、そして、安心できる堅牢な港があれば、いくらでも航海に出る（チャレンジする）ことができます。「何でも相談して。お母さん（お父さん）味方だから大丈夫だよ」とドーンと構えましょう。

そのためには、親は慌てず騒がず、小さいことにイライラせず、子どもの小さな成長も喜んであげることです。それだけでも、子どもは充足感や承認欲求を満たすことができ、自信にもつながり、新たな航海へと旅立てるでしょう。

これを象徴する、卒塾生の「自分がチャレンジして、何かあっても、相談する相手がいると思うと頑張ることができた」という言葉が印象的です。

②子どもは親の背中を見て育つ

親の行動、思考、言動は子どもの成長に極めて大きな影響を与えます。親がゲーム好きであれば子どももゲーム好きになることが多く、読書好きであれば読書好きになることが多いもの。また、「何を言われるか」も、当然ながら「誰に言われるか」ということの影響が大きいものです。

大人の頑張りを見ることで、子どもの成長も促されます。そして、親が前向きに生きて楽しんでいる姿を見せることは、子どもに人生の豊かさを示すこともできます。

③気づきを与える声掛けをする

子どもが自立するためには、自分で気づき、行動できるようになる必要があります。先回りした声掛けや手助けをすることは、いつまでたっても自分でできることはなく、成長の芽を摘んでいることになります。そして、何度も何度も同じことを言わせて！

とイラつくことにもなります。

先述したとおり、「明日の荷物、ちゃんと準備したの？」という声掛けから、「荷物の準備で何か手伝うこと、ある？」に変え、さらには「準備しなければならないことがあるんじゃなかった？」と、子ども自身で気づけるように考えさせる。日々のこういった何気ない会話の中にも、子どもの成長機会がいくつもありますよ。

正直、指示命令の言葉掛けの方が、親にとっては明らかに楽です。でもそれは、「その場においては」であり、長い目で子どもの成長を見ていません。

また、気づきを与える声掛けをしているにもかかわらず、「せっかく〝私が〟頑張っているのに、何度も言わせて！」と、思うこともあるかもしれません。その気持ちはよくわかります。

でも、それは仕方ないことなのです。「人は忘れる生きもの」であり、子どもはそれぞれに成長速度が違います。ただ、こういった訓練の積み重ねをしているのと、していないのとでは、後で確実に差が生まれてきますので、早速「気づきを与える声掛け」をしてみませんか。

④経験するきっかけを与える

子どもが興味を持ったことは、どんどんチャレンジさせましょう。ただし、そもそも興味・関心を持つかどうかは、それに「出会う機会（見る）」、「触れる機会（触る）」、「実際にやってみる機会（経験する）」があるかどうかによります。

子どもの世界は狭いため、子ども任せにしていては、こうした機会を得ることはできないかもしれません。そのため、最初のきっかけづくりは親が積極的に関与するよう心掛けてください。

世の中にはたくさんの面白いことがあり、知れば知るほど世界は広がります。同時に「無知を知る」ことにもなり、それは、さらなる探究心を育むいい機会でもあります。大人が子どもへ体験機会を贈るのは、子どもだけでは知ることができない・関わりを持つことができない世界への橋渡しともいえます。

⑤理想どおりではないあなた自身を承認する

子育てに悩みはつきもの。むしろ、悩みがないということはあり得ないでしょう。子どもが生まれたときに描いていた理想も、なかなかうまく進まなかったのではないでしょうか。

それは、誰にでもあること。まずはそんな今の自分自身を許し、認めてください。また、自分自身でどうにもならないことを悩んでも仕方ありません。今の自分にできることから行動していく。「できない自分」を嘆いてばかりいると、自信喪失してしまいます。

できない自分も認めることは、いわば「自分との信頼関係を構築すること」です。自分との信頼関係ができていないのに、自分以外という意味での他者（子ども）との信頼関係を構築するのは難しいと思いませんか。

⑥できると信じる自己効力感、自分を信じる自己肯定感を育む

自己効力感が低い大人は、「どうせできないから」と考える傾向が強く、チャレンジ精神・行動力が乏しく、成長しません。また、自己肯定感が低い大人は、「自分」という存在を肯定できないから、他人に依存しがちです。自分の子どもがこのような大人になることを望む親はいませんよね。

具体的には、行動のできを評価するのではなく、行動そのものを評価すること。努

力は時として〝結果の上では〟裏切ります。その裏切りに心を痛めることもあるでしょう。しかし、あなたが行動そのものを評価してくれるので、子どもは安心して行動することができます。

また、行動することで「どうすればよいか」を考えるようにもなり、その行動・努力の積み重ねが結果にもつながります。すると、自信を手に入れることができ、自分を信じることができるようにもなります。

ある卒塾生が企業での採用面接の際、「根拠はなくても心の底から、自分に自信を持って取り組むことができた」と言っており、見事、内定獲得・就職しました。

変化の激しい世の中を歩ける心の強さをプレゼントしましょう。

⑦「マズローの欲求5段階説」自己実現欲求へ導く

「マズローの欲求5段階説」(図6-1)によると、欠乏欲求の最上位「承認欲求」が満たされると、成長欲求である「自己実現欲求」へと変化していくとされています。このプロセスをサポートすることが、子育ての大きな役割です。

承認欲求を満たすのは、まさに親であるあなたの役目です。子どもを見守り、励まし、時に導き、そして認め、子どもの承認欲求を満たしていきましょう。

子育てにおいては、親もトライ&エラーを繰り返しながら成長していきます。何でもできる親はいない。完璧な親はいない。そもそも完璧というのはおのおのが抱いている価値観の姿です。価値観を変え、あなた自身を承認することで、イライラしすぎない子育てもできるようになるでしょう。

そして、たった10年前にはなかった、子育てにおけるスマホ問題の悩み。発展する技術の進歩と変わりゆく世の中にあっても、親が子どもを育てるということに変わりはありません。

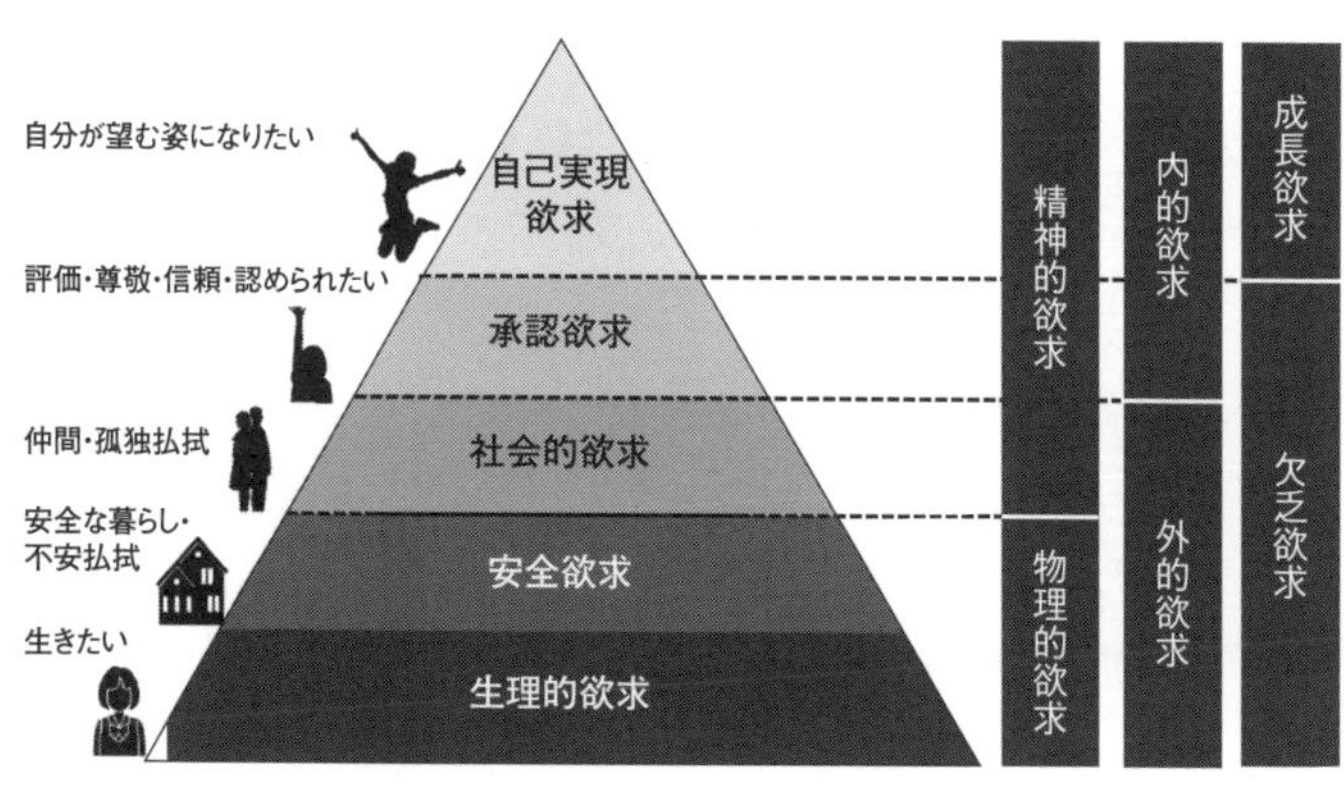

図６-1　マズローの欲求５段階説

「あなたが行っている子育て」と、「あなたが思っている子育て」の差。その〝ギャップ〟にこそ、あなたの子育てをより良くしていくヒントがあります。それを何とかしようと考え続ける限り、方法はいくらでもあります。本書『スマホの与え方・使い方の教科書』もそのヒントの1つ。

子どもは常に新しいことを吸収しています。スマホのない子ども時代を生きた大人と、スマホと共に育つ子どもとでは、扱い方に関していえば、むしろ子どもの方が長けています。「子どもだから」と抑圧するのではなく、「未熟な大人」として、子どもの意見を対等に聞くことを意識したコミュニケーションを心掛ける。それが、スマホ問題で重要な「相談したいときに相談ができる親子の関係性」を築いていきます。

そして、子どもが元気でこの世に在ることの喜びを感じて、子育てをする。変化の激しい時代であっても、最終的には、これが親子関係で一番大切なことではないでしょうか。

それが子育ての最終目的である「自立させる」という道を開くことにもなるのです。

おわりに

最後までお読みいただき、ありがとうございました。

子どものスマホ（デジタルデバイス）利用を考えるということは、ルールというテクニックだけではなく、親子関係の構築や子育てを考えることにもなります。いくら親が端末設定で縛りつけようとしても、抜け道が存在してしまう以上、それだけでは成り立たないからです。


子育てを考えるということは、もしかしたら、今までの子育ての仕方、自分自身のこれまでの考え方や行動を変える必要に迫られるかもしれません。

生きていくうえで、人は常に「選択」、「判断」、「決断」、「行動」を行っています。買い物1つとっても、決断をして、お金を支払うという行動をとり、商品を手に入れています。本書を手に取っていただいたのも、まさにそうですね。

生きていれば、良いことも悪いことも、さまざまなことが起こります。これから起こることを活かすも活かさないも、「選択」、「判断」、「決断」、そして「行動」次第です。

ここで、私に実際にご相談いただいた実例を４件、ご紹介させてください。親自身が変わった結果、どうなったのかを示す事例です。

頑張ろう、頑張ろうと、必死になっていたのが間違いでした。でも、よくある「手を抜きましょう」とか、「ありのままでいいのですよ」という情報がいい加減であることも、同時にわかりました。

自分が変わろうとせず、ありのままだから、相談する前の状況が起こっていたのですね。まずは今を受け入れるところから。

人は大人になってからも成長するものですね。いかに凝り固まった自分の考えを子どもに押しつけていたのかがよくわかります。

高校生男子・中学生女子・男子の母親（40代女性）

失敗をさせたくないと思っていましたが、よく考えればそうではないですよね。「ダメでしょ！」の連呼で疲れていました。失敗の意味を勘違いしていました。子どもと接する時間は、本当に限られた時間です。その限られた時間を自分でつまらないものにしていました。これからは子どもとの時間を楽しんで過ごしていこうと思います。

小学生男子の母親（20代女性）

「もう雷に打たれて死んでしまえ！」、「もうあなたの顔を見るのはウンザリだ」と思っていました。見たくないと思っている長女がいつも目の前にいる。本当に苦痛でした。

そして、私自身はプライドが高いのに、自分の能力は低い……。そんな私にできるのか？

最初はできませんでした。何度もマインドセットを行い、今度こそ！との思いで実行しました。

しかし、私自身が変わり、態度を変えても、娘は嫌な態度のまま。本当に嫌でした。でも、継続して行ったことで変化が表れ、今は殺したいなんて微塵も思わなくなりました。

本当にあの時の私は病んでいたのですね。乗り越えた今だからこそ感じます。出来の悪い生徒である私につき合っていただきありがとうございました。

中学生女子・小学生男子の母親（30代女性）

今は家庭環境が改善されたことで、日々の生活が楽しくなりました。

もちろん、いろいろなことがあります。そのいろいろなことにも対応できるようになった、成長した自分自身を感じることもでき、生活は大変ながらも充実した日々を送っています。

中学生男子・小学生女子・年長男子の母親（30代女性）

インターネットもスマホもアプリも常に進化しています。しかし、技術が進化し時代が変わっても、人とつながりたい、現実逃避したい、楽しいことがしたい、といった人の欲求や本質は変わりません。その欲求をかなえる手段・方法が、技術の進化と

ともに変化しているだけです。

今日の正解が明日の不正解になるような時代。スマホをただ規制するのではなく、子どもと一緒に危険性を知り、適切な使い方を学ぶことで、大人も共に成長することができます。


本書をお読みいただき、今まで知らなかったことを確認できた方もいらっしゃるかもしれません。子どものスマホ問題を考えるうえで、我々大人も無知なままではいられません。学ぶことが必要となってきます。

もちろん、詳しいしくみをすべて知る必要はありません。ただ、それがどのように使われるのか、どのようなことができるのかを知ることができれば、経験豊富なあなたが、新しい技術やアプリ対策を「子どもと一緒に」考えることができる。まさに親と子が共に育つ「共育」です。

そして、子育ては期間限定の取り組みです。忙しい中でも、時には、あなた自身のことを考えてみましょう。あなた自身のことを知り、現状を認めて、行動へと変える。大正解がない子育てですから、何をするにも遅すぎるということはありません。

子育てで悩んでいるのは、あなた1人ではありません。そして、いつまでたっても子どものことは心配なものです。

ただ、過干渉とは違う接し方に変えていくことで、今までとは違う子どもの成長と未来が生まれます。子どもに「気づき」と「自らで考える機会」を与え続けることが、子どもを自立へと導く。今という一歩をつむぎ続ける。

「今日も、親と子が、今を一緒に生きている」
「できない理由を考えるのではなく、できる方法を考える」
「これからが、これまでを決める」

子どもにとって安心できる港、一番の味方、アドバイザーとして、あなたと子どもが共に成長する「見守る」子育て。「自分が主人公の自らの物語」を試してみませんか？

きっと、あなたと子どもの未来が変わっていくことでしょう。

本書は、たくさんの方に支えられてできあがりました。執筆の機会をくださった産業能率大学出版部の皆さん、倉林秀光さん、日本大学医学部内山真先生。おかげで、本書をあなたの元へ届けることができました。本当にありがとうございます。

そして、この本を手に取り、読んでくださったあなたに、厚く御礼申し上げます。よろしければ、あなたの率直な感想を、巻末で紹介する【親と子が共に育つ子育て「子育て共育」ウェブサイト】の問い合わせフォームまでお送りください。いただいた感想を1つひとつ丁寧に読ませていただきます。

本書があなたの悩みの解決の一助となれますように。また、近い将来、あなたとお話ができる日があることを楽しみにしております。

■著者紹介

野本　一真（のもと かずま）

ARK SEEDS Inc.（代表取締役）
子育て共育アドバイザー、学習塾塾長

　中学生の頃、所属していた部活が廃部になり帰宅部に。以来、帰宅ゲーム部として、時代が違えばプロゲーマーになるほどにゲームにのめり込む。また就職氷河期真っただ中にもかかわらず、「人生は一度しかない！」と、上場企業・公務員・大学病院・医療グループ等、職種を変えた転職を行う。バイト時代を含めると10職種以上に及ぶ。その中で、高学歴ドロップアウトを幾度となく目の当たりにし「大人の関わり次第で人生が変わる」ことを痛感。学習塾（個別学習のセルモ）を開業。

　子どもの自己肯定感・自己効力感を育み、急激な変化の時代に「自らが主人公の自らの物語」を歩むことができる力の育成。すなわち、「状況を受け入れた上でどうすればよいか？」を自らで考え・行動できる大人へと成長する一助となることを「指導理念」としている。

　また、職種を変えた転職をしたため、子どもの言う「何がわからないのかわからない」を幾度となく経験。児童心理学・脳科学も活用し、子どもに寄り添った指導を行う。その子どもの成長には家庭環境が不可欠。

　親と子が共に育つ「共育」。子育て共育アドバイザーとして「親を対象とした親子関係の構築・改善相談」を行っている。近年は子どものスマホの保有率の増加と共にスマホ問題が子育ての問題となっており、その指導・改善方法を広く伝えることで、多くの「子育てで悩む親に何かひとつでも参考になることがあれば」と願い、本書の著者となる。

【親と子が共に育つ子育て「子育て共育」WEB サイト】

https://kosodate-soudan.jp/

本書の感想はこのページの「お問合せ」に寄せていただけるとうれしいです。

【個別学習のセルモ戸塚けやき通り教室公式 WEB サイト】

https://life-design-branding.com/

読者特典

子どものスマホで「困った！」を防ぐ

『スマホの与え方・使い方の教科書』

読者限定無料プレゼント

本書の内容を効果的に使用していただくために、読者プレゼントとして、４つのPDFファイルを用意しました！

特典１：スマホルールテンプレート「簡易版」
特典２：スマホルールテンプレート「フルバージョン」
特典３：スマホ利用時間の可視化テンプレート
特典４：スマホ・ゲーム時間可視化帯グラフ

このURLにアクセスしていただけると、
上記「**特典**」を無料で入手できます。
テンプレートがあなたの力となれますように。
https://kosodate-soudan.jp/book/sumaho/

企画協力：倉林 秀光（おふぃすラポート）

イラスト：柴田 純子

子どものスマホで「困った！」を防ぐ
スマホの与え方・使い方の教科書　〈検印廃止〉

著　者　野本 一真
発行者　坂本 清隆
発行所　産業能率大学出版部
東京都世田谷区等々力6-39-15　〒158-8630
（電 話）03（6432）2536
（FAX）03（6432）2537
（URL）https://www.sannopub.co.jp/
（振替口座）00100-2-112912

2024年3月25日　初版1刷発行

印刷・製本／渡辺印刷

（落丁・乱丁はお取り替えいたします）　ISBN 978-4-382-15845-0